无公害农产品标准汇编（2017版）

张华荣　主编

中国农业出版社

本 书 编 委 会

前　　言

　　无公害农产品标准是无公害农产品事业发展的重要技术支撑，是无公害农产品生产、认证和监管的重要依据。为加强和完善无公害农产品标准体系建设，切实维护标准使用的有效性，确保无公害农产品认证工作有标可依、科学规范，提高标准实用性和可操作性，我们对无公害农产品产地环境类标准、投入品使用准则类标准、生产过程操作规程类标准和认证管理类标准进行了全面梳理。截至 2016 年底，无公害农产品有效使用的标准数量已达到 147 项。为满足政府有关部门、食品企业、科研院所了解最新颁布实施的无公害农产品标准，同时方便无公害农产品工作体系内学习执行最新版本，我们选择了 22 项使用率高、应用面广的无公害农产品标准编辑成《无公害农产品标准汇编（2017 版）》一书。

　　本书包括三个部分：第一部分为无公害食品产地环境条件标准，共 7 项；第二部分为农业投入品使用准则标准，共 2 项；第三部分为生产过程质量安全控制规范标准，共13 项。

　　汇编本着尊重原著的原则，除明显差错外，对标准中所涉及的有关量、符号、单位和编写体例均未做统一改动。

　　本书可供农业生产人员、标准管理人员和科研人员使用，也可供有关农业院校师生参考。

编　者

2017 年 5 月

目　录

第一部分

无公害食品产地环境条件标准

产地环境质量调查规范标准

ICS 13.020.40
Z 51

中华人民共和国农业行业标准

NY/T 5335—2006

无公害食品
产地环境质量调查规范

2006-01-26 发布

2006-04-01 实施

中华人民共和国农业部 发布

前　言

本标准由中华人民共和国农业部提出并归口。

本标准起草单位：农业部农产品质量安全中心、农业部环境质量监督检验测试中心（天津）。

本标准主要起草人：刘潇威、廖超子、丁保华、周其文、赵静、徐亚平、刘继红。

无公害食品　产地环境质量调查规范

1　范围

本标准规定了无公害农产品产地环境质量调查的原则、方法、内容、总结与评价、报告编制等技术内容。

本标准适用于无公害农产品产地环境质量现状调查。

2　规范性引用文件

下列文件中的条款通过本标准的引用而成为本标准的条款。凡是注日期的引用文件,其随后所有的修改单(不包括勘误的内容)或修订版均不适用于本标准,然而,鼓励根据本标准达成协议的各方研究是否可使用这些文件的最新版本。凡是不注日期的引用文件,其最新版本适用于本标准。

GB/T 19525.2　畜禽场环境质量评价准则

NY/T 5295　无公害食品　产地环境评价准则

3　调查原则

3.1　原则

根据无公害农产品产地环境条件的要求,从产地自然环境、社会经济及工农业生产对产地环境质量的影响入手,重点调查产地及周边环境质量现状、发展趋势及区域污染控制措施。

3.2　组织实施

无公害农产品产地环境质量现状调查,由无公害农产品认证省级工作机构在现场检查时同时进行。

4　调查方法

采用资料收集、现场调查和召开座谈会等形式相结合的方法。

4.1　资料收集

收集近3年来农业生产部门(包括:种、养殖业和农产品初级加工部门)、环境监测部门与被调查区产地环境质量状况相关的监测数据和报告资料。要求资料中出现的数据应是通过计量认证的检测机构出具的数据。当资料收集不能满足需要时应进行现场调查和实地考察。

4.2　现场调查

在申报部门的配合下,由当地无公害农产品认证省级工作机构组织有关人员对产地环境进行实地考察。

4.2.1　种植业

实地调查产地周围5 km以内工矿企业污染源分布情况(包括企业名称、产品、生产规模、方位、距离),并在1:50 000比例尺的地图上标明;调查产地周围3 km范围内生活垃圾填埋场、工业固体废弃物和危险废弃物堆放和填埋场、电厂灰场等情况;调查产地自身农业生产活动对产地环境的影响。

4.2.2　水产养殖业

实地调查近海(滩涂)渔业养殖用水、淡水养殖用水来源和养殖用饲料及药物情况。调查产地周围1 km范围内的工矿企业污染源分布情况。

4.2.3　畜禽养殖业

实地调查畜禽饮用水、畜禽养殖业生产用水。调查产地周围1 km范围内的工矿企业污染源分布情况、养殖厂的分布是否符合动物防疫的要求。

4.3 座谈

要求由产地认证省级工作机构、产地认定检测机构、产地负责人及污染源单位有关人员参加。确证收集的各项资料和现场调查的内容准确无误。

5 调查内容

5.1 自然环境特征

5.1.1 自然地理

包括产地所在地地理位置(经度、纬度)、距公路的距离、产地面积、产地所在区域地形地貌特征。

5.1.2 气候与气象

包括产地所在地主要气候特征,如主导风向、年均气温、年均相对湿度、年均降水量等。

5.1.3 水文状况

包括产地所在地河流、水系、地面、地下水源特征及利用情况。

5.1.4 土壤状况

包括产地所在地土壤成土母质、土壤类型、质地、客土情况、pH、土壤肥力。

5.1.5 植被及自然灾害

包括植被情况、动植物病虫害、自然灾害情况等。

5.2 社会经济环境概况

包括行政区划、主要道路、人口状况,工业布局和农田水利,农、林、牧、渔业发展情况,土地利用状况(农作物种类、布局、面积、产量、耕作制度),农村能源结构情况等。

5.3 土壤环境

5.3.1 种植业

已进行土壤环境背景值调查或近3年来已进行土壤环境质量监测,且背景值或监测结果(提供监测结果单位资质)符合无公害食品环境质量标准的区域可以免调查土壤环境。

土壤环境污染状况调查包括工业污染源种类及分布、污染物种类及排放途径和排放量、农业固体废弃物投入、农用化学品投入情况、自然污染源情况、农灌水污染状况、大气污染状况。

土壤生态环境状况调查包括水土流失现状、土壤侵蚀类型、分布面积、侵蚀模数、沼泽化、潜育化、盐渍化、酸化。

土壤环境背景资料包括区域土壤元素背景值、农业土壤元素背景值。

5.3.2 畜禽养殖业

不进行土壤状况调查。

5.3.3 水产养殖业

调查底泥污染情况。

5.4 水环境

5.4.1 种植业

对于以天然降雨为灌溉水的地区,不需要调查。

灌溉水源调查包括水系分布、水资源丰富程度(地面水源和地下水源)、水质稳定程度、利用措施和变化情况。

灌溉水污染调查包括污染源种类、分布及影响、水源污染情况。

5.4.2 畜禽养殖业

畜禽饮用水,调查水质及污染情况。

畜禽养殖业生产用水,调查畜禽粪便排放情况、水质及污染情况。

5.4.3 水产养殖业

深海渔业养殖用水,不需要调查。

近海(滩涂)渔业养殖用水、淡水养殖用水,调查养殖区域周边环境排放的工业废水、生活污水和有害废弃物、污染物种类及排放途径和排放量,特别是含病原体的污水、废弃物。

5.5 环境空气

5.5.1 种植业

种植业产地周围 5 km 以内没有工矿企业污染源的区域可不进行以下步骤调查。按 NY/T 5295 的规定执行。

工矿企业大气污染源调查,重点调查收集工矿企业分布、类型,大气污染物种类、排放方式、排放量、排放时间,以及废气处理情况。

5.5.2 水产养殖业

按 NY/T 5295 的规定执行,可不进行环境空气调查。

5.5.3 畜禽养殖业

调查畜禽场所在区域的环境空气质量;空气污染的种类、性质以及数量等;畜舍内部的环境空气质量;氨气、硫化氢、恶臭以及可吸入颗粒物等,同时按 GB/T 19525.2 的规定执行。

6 总结与分析

汇总土壤、水、空气污染源分布、影响、现状质量数据,分析资料和现状调查所取得的各种资料、数据,做出免测或检测计划。

7 报告编制

7.1 要求

调查报告应全面、概括地反映环境质量调查的全部工作,文字应简洁、准确,并尽量采用图表。原始数据、全部计算过程等不必在报告中列出,必要时可编入附录。所参考的主要文献应按其发表的时间次序由近至远列出目录。

7.2 调查报告应根据实际情况选择下列全部或部分内容进行编制。

7.2.1 前言

调查任务来源、调查单位、调查人员和调查时间。

7.2.2 基本情况

产地位置(附平面图)、地形、地貌;气象(主导风向、年均气温、年均相对湿度、年均降水量);水文状况(主要水域、历年灌溉情况);土壤类型及植被和生物资源;自然灾害情况;农业生产状况及农用化学品使用情况。

7.2.3 环境质量现状分析

土壤环境:污染源分布及影响、现状质量数据、免测理由及补测项目。

水质:污染源分布及影响、现状质量数据、免测理由及补测项目。

环境空气:污染源分布及影响、现状质量数据、免测理由及补测项目。

7.2.4 结论

根据调查所获取的信息,确定免测或检测项目、采样点数,制定检测计划,提出建议和措施。

产 地 环 境 评 价 准 则 标 准

ICS 65.020.01
B 04

中华人民共和国农业行业标准

NY/T 5295—2015
代替 NY/T 5295—2004

无公害农产品 产地环境评价准则

2015-05-21 发布

2015-08-01 实施

中华人民共和国农业部 发布

前　言

本标准按照 GB/T 1.1—2009 给出的规则起草。

本标准代替 NY/T 5295—2004《无公害食品　产地环境评价准则》。与 NY/T 5295—2004 相比，除编辑性修改外，主要技术变化如下：

——修改了标准名称；

——增加了评价原则、环境质量概况调查、指标来源、畜禽养殖区域空气的严格控制指标；

——删除了调查原则、野生产品生产区域的土壤环境布点数量、环境空气的日采样时间要求、畜禽饮用水的严格控制指标、报告编制的对策与建议；

——明确了大田作物、林果类产品等产地土壤环境布点数量要求，淡水养殖用水水质及底质、海水养殖用水水质及底质、畜禽饮用水水质、畜禽产品加工用水水质的结果判定标准，以及畜禽养殖区域环境空气质量的评价依据；

——修改了评价依据。

本标准由中华人民共和国农业部提出并归口。

本标准起草单位：农业部环境保护科研监测所、农业部农业环境质量监督检验测试中心（天津）、农业部农产品质量安全中心。

本标准主要起草人：张铁亮、周其文、刘潇威、徐亚平、廖超子。

本标准的历次版本发布情况为：

——NY/T 5295—2004。

无公害农产品 产地环境评价准则

1 范围

本标准规定了无公害农产品产地环境评价的原则、程序、方法和报告编制。

本标准适用于种植业、畜禽养殖业和水产养殖业无公害农产品产地环境质量评价。

2 规范性引用文件

下列文件对于本文件的应用是必不可少的。凡是注日期的引用文件,仅注日期的版本适用于本文件。凡是不注日期的引用文件,其最新版本(包括所有的修改单)适用于本文件。

NY/T 388 畜禽场环境质量标准

NY/T 395 农田土壤环境质量监测技术规范

NY/T 396 农用水源环境质量监测技术规范

NY/T 397 农区环境空气质量监测技术规范

NY 5027 无公害食品 畜禽饮用水水质

NY 5028 无公害食品 畜禽产品加工用水水质

NY 5361 无公害食品 淡水养殖产地环境条件

NY 5362 无公害食品 海水养殖产地环境条件

3 评价原则

依据相关法律、法规与标准,按照科学、客观、公正的原则,通过开展产地现状调查、环境质量监测和结果的综合评价,规范地开展无公害农产品产地环境质量评价工作,科学、正确地评价无公害农产品产地环境质量状况。

4 评价程序

4.1 现状调查

4.1.1 调查内容

4.1.1.1 自然环境特征

包括:自然地理、气候与气象(年均风速、主导风向、年均气温、年均相对湿度、年均降水量等)、水文状况(河流、水系、水文特征,地表、地下水源及利用等)、土壤状况(成土母质、土壤类型、土壤肥力、环境背景值等)、植被及自然灾害等。

4.1.1.2 社会经济环境概况

包括:行政区划、主要道路、工业布局和农田水利,农、林、牧、渔业发展情况等。

4.1.1.3 污染源概况

包括:工矿污染源分布及污染物排放情况,农业副产物(畜禽粪便等)处置与综合利用、农业投入品使用情况,农村生活废弃物排放情况等,以及污染源对农业环境的影响和危害情况等。

4.1.1.4 环境质量概况

4.1.1.4.1 水环境

种植业:主要调查灌溉水源(水系分布、水资源丰富程度、水质稳定程度、利用措施和变化情况等)和灌溉水水质及污染情况等。对于以天然降雨为灌溉水的地区,不需要调查。

畜禽养殖业：主要调查畜禽饮用水和畜禽产品加工用水的水质及污染情况。

水产养殖业：主要调查近海(滩涂)渔业养殖用水、淡水养殖用水的水质及污染情况。深海渔业养殖用水，不需要调查。

4.1.1.4.2 土壤环境

种植业：主要调查土壤环境污染状况、生态环境状况与环境背景情况等。

畜禽养殖业：不进行土壤环境状况调查。

水产养殖业：调查底泥污染情况。

4.1.1.4.3 环境空气

种植业：主要调查产地环境空气质量情况。

畜禽养殖业：主要调查畜禽场所在区域的环境空气质量，包括空气污染的种类、性质以及数量等，畜舍内部的环境空气质量，氨气、硫化氢、恶臭等。

水产养殖业：不进行环境空气调查。

4.1.1.5 农业生态环境保护措施

主要包括：资源合理利用、清洁生产情况与污染治理措施等。

4.1.2 调查方法

采用资料收集、现场调查等形式相结合的方法。

4.1.2.1 资料收集

收集近3年来农业生产部门(种、养殖业和农产品初级加工部门)、环境监测部门与被调查区产地环境质量状况相关的监测数据和资料。当资料收集不能满足需要时应进行现场调查和实地考察。

4.1.2.2 现场调查

主要调查产地周围污染源分布情况，以及自身农业生产活动对产地环境的影响。

4.2 环境监测

依据现状调查结果，确定免测或监测计划，开展环境监测工作。

4.2.1 布点与采样

4.2.1.1 水环境

4.2.1.1.1 布点数量

根据水资源的分布、特点与水质条件等情况，进行布点采样。

对于以天然降雨为灌溉水的地区，可以不采灌溉水样。

对于同一水源(系)，水质相对稳定、均一的，布设1个～3个采样点；不同水源(系)的，则相应增加布点数量。

对水质要求一般的作物产地，可适当减少采样点数，同一水源(系)布设1个～2个采样点；对水质要求较高的作物产地，应适当增加采样点数。

食用菌生产用水，每个水源(系)布设1个采样点。

深海渔业养殖用水可不设采样点；近海(滩涂)渔业养殖用水布设1个～3个采样点；淡水养殖用水，水源(系)单一的，布设1个～3个采样点，水源(系)分散的，应适当增加采样点数。

畜禽饮用水，属圈养且相对集中的，每个水源(系)布设1个采样点；反之，应适当增加采样点数。

加工用水，每个水源布设1个采样点。

4.2.1.1.2 采样时间与频率

种植业用水，在农作物生长过程中的主要灌期采样1次。

水产养殖用水，在生长期采样1次。

畜禽饮用水，可根据监测需要采集，在生产期内至少采样1次，人畜共饮水源的可以不采。

不同季节，水质变化大的水源(系)，则应根据实际情况适当增设采样次数。

4.2.1.1.3 采样方法及其他采样要求,除相应标准中另有规定的外,按 NY/T 396 的规定执行。

4.2.1.2 土壤环境

4.2.1.2.1 布点数量

蔬菜栽培区域,产地面积在 300 hm² 以内,布设 3 个～5 个采样点;面积在 300 hm² 以上,面积每增加 300 hm²,增加 1 个～2 个采样点。如果管理措施和水平差异较大,应适当增加采样点数。水生蔬菜栽培,需采集底泥。无土栽培蔬菜,需采集养培基质(液)。

大田作物、林果类产品等产地,面积在 1 000 hm² 以内,布设 3 个～4 个采样点;面积在 1 000 hm² 以上,面积每增加 500 hm²,增加 1 个～2 个采样点。如果种植区相对分散,则应适当增加采样点数。

食用菌栽培,每种基质(生产用土)采集 1 个混合样。

水产养殖区:近海(滩涂)养殖区,需采集底泥,底栖贝类适当增加布点数量;深海和网箱养殖区,可不采海底泥。

畜禽养殖区:可以不采土壤样品。

4.2.1.2.2 采样时间

土壤样品一般应安排在作物生长期内或播种前采集。

4.2.1.2.3 采样方法及其他采样要求,按 NY/T 395 的规定执行。

4.2.1.3 环境空气

4.2.1.3.1 点位设置

地势平坦区域,空气监测点设置在沿主导风走向 45°～90°夹角内,各测点间距一般不超过 5 km。山沟地貌区域,空气监测点设置在沿山沟走向 45°～90°夹角内。

监测点应选择在远离林木、城镇建筑物及公路、铁路的开阔地带。

各监测点之间的设置条件应相对一致。

4.2.1.3.2 可不测空气的区域

种植业产地周围 5 km,主导风向的上风向 20 km 以内没有明显工矿企业污染源的区域。

畜禽养殖区域的环境空气质量,以现状调查为主,一般不进行现场监测;当资料缺乏或不足时,确有必要监测的,参照有关规定执行。对环境质量状况良好,没有明显污染源的区域,不进行监测。

水产养殖区。

4.2.1.3.3 布点数量

产地布局相对集中,面积较小,无工矿污染源的区域,布设 1 个～3 个采样点。

产地布局较为分散,面积较大,无工矿污染源的区域,布设 3 个～4 个采样点;对有工矿污染源的区域,应适当增加采样点数。

样点的设置数量可根据空气质量稳定性以及污染物的影响程度适当增减。

4.2.1.3.4 采样时间及频率

在采样时间安排上,应选择在空气污染对产品质量影响较大时期进行,一般安排在作物生长期进行。在正常天气条件下采样,每天 4 次,上下午各 2 次,连采 2 d。遇异常天气应当顺延。

4.2.1.3.5 采样方法及其他采样要求,按 NY/T 397 的规定执行。

4.2.2 分析与测试

4.2.2.1 监测项目

按照相应产品的产地环境标准规定执行。

4.2.2.2 分析方法

按照相应产品的产地环境标准规定执行。

4.3 结果评价

汇总、分析现状调查和监测所取得的各种资料、数据,做出结论,编制完成评价报告。

5 评价方法

5.1 评价指标

5.1.1 指标来源

评价指标的选取,来源于相应无公害农产品的产地环境条件。

5.1.2 指标分类

根据污染因子的毒理学特征和生物吸收、富集能力,将无公害农产品产地环境条件标准中的项目分为严格控制指标和一般控制指标两类,表1所列项目为严格控制指标,其他项目为一般控制指标。

其中,淡水养殖用水水质、产地底质的指标与结果判定,按照 NY 5361 的规定执行。

海水养殖用水水质、底质的指标与结果判定,按照 NY 5362 的规定执行。

畜禽饮用水水质的指标与结果判定,按照 NY 5027 的规定执行。

畜禽产品加工用水水质的指标与结果判定,按照 NY 5028 的规定执行。

表 1 严格控制指标

类 别		指 标
水质		铅(Pb)、镉(Cd)、汞(Hg)、砷(As)、氰化物(CN⁻)、六价铬(Cr⁶⁺)
土壤和底泥		铅(Pb)、镉(Cd)、汞(Hg)、砷(As)、铬(Cr)
空气	种植区域	二氧化硫(SO₂)、二氧化氮(NO₂)
	畜禽养殖区域	氨气(NH₃)、硫化氢(H₂S)、恶臭

5.2 评价依据

根据申报农产品种类,选择对应的产地环境条件标准为评价依据。其中,畜禽养殖区域的环境空气质量评价依据,按照 NY/T 388 的规定执行。

对于同一产地生产两种以上无公害农产品的,其产地环境评价结果依据要求较高的产地环境执行。

5.3 评价步骤与结果

评价采用单项污染指数与综合污染指数相结合的方法,分步进行。

5.3.1 严格控制指标评价

严格控制指标的评价采用单项污染指数法,按式(1)计算。

$$P_i = C_i / S_i \quad \cdots\cdots\cdots\cdots\cdots\cdots\cdots\cdots\cdots\cdots\cdots\cdots\cdots\cdots\cdots\cdots (1)$$

式中:

P_i——环境中污染物 i 的单项污染指数;

C_i——环境中污染物 i 的实测值;

S_i——污染物 i 的评价标准;

$P_i > 1$,严格控制指标有超标,判定为不合格,不再进行一般控制指标评价;

$P_i \leqslant 1$,严格控制指标未超标,继续进行一般控制指标评价。

5.3.2 一般控制指标评价

一般控制指标评价采用单项污染指数法,按式(1)计算。

$P_i \leqslant 1$,一般控制指标未超标,判定为合格,不再进行综合污染指数法评价;

$P_i > 1$,一般控制指标有超标,则需进行综合污染指数法评价。

5.3.3 综合污染指数法评价

在没有严格控制指标超标,而只有一般控制标超标的情况下,采用单项污染指数平均值和单项污染指数最大值相结合的综合污染指数法,土壤(水)综合污染指数按式(2)计算,空气综合污染指数按式(3)计算。

$$P = \sqrt{\left[(C_i/S_i)^2_{max} + (C_i/S_i)^2_{avr}\right]/2} \quad \cdots\cdots\cdots\cdots\cdots\cdots\cdots\cdots \quad (2)$$

式中：

P ——土壤（水）综合污染指数；

$(C_i/S_i)_{max}$——单项污染指数最大值；

$(C_i/S_i)_{avr}$——单项污染指数平均值。

$$I = \sqrt{\left(\max\left|\frac{C_1}{S_1}, \frac{C_2}{S_2}, \cdots, \frac{C_k}{S_k}\right|\right) \cdot \frac{1}{n} \cdot \sum_{i=1}^{n} \frac{C_i}{S_i}} \quad \cdots\cdots\cdots\cdots\cdots\cdots \quad (3)$$

式中：

I ——空气综合污染指数；

C_i/S_i——单项污染指数。

$P(I) \leqslant 1$，判定为合格；

$P(I) > 1$，判定为不合格。

6 报告编制

6.1 评价报告应全面、概括地反映环境质量评价的全部工作，文字应简洁、准确，并尽量采用图表。原始数据、全部计算过程等不必在报告书中列出，必要时可编入附录。所参考的主要文献、资料等应按其发表的时间次序由近至远列出目录。

6.2 评价报告应根据实际情况选择下列全部或部分内容进行编制。

6.2.1 前言

评价任务来源、产品种类、生产规模和生产工艺或方式等。

6.2.2 现状调查

产地位置、区域范围（应附平面图）、自然环境特征、社会经济环境概况、主要污染源及影响、农业生态环境保护措施和产地环境现状初步分析。

6.2.3 环境监测

布点原则与方法、采样方法、监测项目与方法和监测结果。

6.2.4 结果评价

评价所采用的方法及评价依据，评价结论与建议。

6.3 评价报告应同时附采样点位图和监测结果报告。

种植业产地环境条件标准

ICS 65.020.01
B 00

中华人民共和国农业行业标准

NY/T 5010—2016
代替 NY 5020—2001，NY 5010—2002 等

无公害农产品　种植业产地环境条件

2016-05-23 发布

2016-10-01 实施

中华人民共和国农业部 发布

前　言

本标准按照 GB/T 1.1—2009 给出的规则起草。

本标准代替以下 18 项行业标准：

　　——NY 5020—2001　无公害食品　茶叶产地环境条件；

　　——NY 5010—2002　无公害食品　蔬菜产地环境条件；

　　——NY 5023—2002　无公害食品　热带水果产地环境条件；

　　——NY 5087—2002　无公害食品　鲜食葡萄产地环境条件；

　　——NY 5104—2002　无公害食品　草莓产地环境条件；

　　——NY 5107—2002　无公害食品　猕猴桃产地环境条件；

　　——NY 5110—2002　无公害食品　西瓜产地环境条件；

　　——NY 5116—2002　无公害食品　水稻产地环境条件；

　　——NY 5120—2002　无公害食品　饮用菊花产地环境条件；

　　——NY 5123—2002　无公害食品　窨茶用茉莉花产地环境条件；

　　——NY 5181—2002　无公害食品　哈密瓜产地环境条件；

　　——NY 5294—2004　无公害食品　设施蔬菜产地环境条件；

　　——NY 5013—2006　无公害食品　林果类产品产地环境条件；

　　——NY 5331—2006　无公害食品　水生蔬菜产地环境技术条件；

　　——NY 5332—2006　无公害食品　大田作物产地环境条件；

　　——NY 5358—2007　无公害食品　食用菌产地环境条件；

　　——NY 5359—2010　无公害食品　香辛料产地环境条件；

　　——NY 5360—2010　无公害食品　可食花卉产地环境条件。

本标准由中华人民共和国农业部提出并归口。

本标准起草单位：农业部环境保护科研监测所、农业部环境质量监督检验测试中心（天津）、农业部农产品质量安全中心、中国农业科学院农业资源与农业区划所。

本标准主要起草人：徐亚平、丁保华、廖超子、刘潇威、胡清秀、彭祎、罗铭、李军幸、王跃华。

本标准的历次版本发布情况为：

　　——NY 5020—2001、NY 5010—2002、NY 5023—2002、NY 5087—2002、NY 5104—2002、NY 5107—2002、NY 5110—2002、NY 5116—2002、NY 5120—2002、NY 5123—2002、NY 5181—2002、NY 5294—2004、NY 5013—2006、NY 5331—2006、NY 5332—2006、NY 5358—2007、NY 5359—2010、NY 5360—2010。

无公害农产品 种植业产地环境条件

1 范围

本标准规定了无公害农产品种植业产地环境质量要求、采样方法、检测方法和产地环境评价的技术要求。

本标准适用于无公害农产品(种植业产品)产地。

2 规范性引用文件

下列文件对于本文件的应用是必不可少的。凡是注日期的引用文件,仅注日期的版本适用于本文件。凡是不注日期的引用文件,其最新版本(包括所有的修改单)适用于本文件。

GB 5749 生活饮用水卫生标准

GB/T 5750.6 生活饮用水标准检验方法 金属指标

GB/T 5750.12 生活饮用水标准检验方法 微生物指标

GB/T 6682 分析实验室用水规格和试验方法

GB/T 6920 水质 pH 值的测定 玻璃电极法

GB/T 7467 水质 六价铬的测定 二苯碳酰二肼分光光度法

GB/T 7475 水质 铜、锌、铅、镉的测定 原子吸收分光光度法

GB/T 11914 水质化学需氧量的测定 重铬酸盐法

GB 15618 土壤环境质量标准

GB/T 17138 土壤质量 铜、锌的测定 火焰原子吸收分光光度法

GB/T 17139 土壤质量 镍的测定 火焰原子吸收分光光度法

GB/T 17141 土壤质量 铅、镉的测定 石墨炉原子吸收分光光度法

GB/T 22105 土壤质量 总汞、总砷、总铅的测定 原子荧光法

HJ/T 51 水质 全盐量的测定 重量法

HJ/T 332 食用农产品产地环境质量评价标准

HJ 484 水质氰化物的测定 容量法和分光光度法

HJ 503 水质 挥发酚的测定 4-氨基安替比林分光光度法

HJ 637 水质 石油类和动植物油类的测定 红外分光光度法

NY/T 395 农田土壤环境质量监测技术规范

NY/T 396 农用水源环境质量监测技术规范

NY/T 1121.5 土壤检测 第5部分:石灰性土壤阳离子交换量的测定

NY/T 1121.12 土壤检测 第12部分:土壤总铬的测定

NY/T 1377 土壤中 pH 值的测定

NY/T 5295 无公害农产品产地环境评价准则

3 产地环境质量要求

3.1 灌溉水

灌溉水质量应符合表1的要求。同时可根据当地无公害农产品种植业产地环境的特点和灌溉水的来源特性,依据表2选择相应的补充监测项目。

食用菌生产用水各项监测指标应符合 GB 5749 的要求,不得随意加入药剂、肥料或成分不明的

物质。

表 1 灌溉水基本指标

项 目	指 标			
	水田	旱地	菜地	食用菌
pH	5.5～8.5			6.5～8.5
总汞,mg/L	≤0.001			≤0.001
总镉,mg/L	≤0.01			≤0.005
总砷,mg/L	≤0.05	≤0.1	≤0.05	≤0.01
总铅,mg/L	≤0.2			≤0.01
铬(六价),mg/L	≤0.1			≤0.05
注:对实行水旱轮作、菜粮套种或果粮套种等种植方式的农地,执行其中较低标准值的一项作物的标准值。				

表 2 灌溉水选择性指标

项 目	指 标			
	水田	旱地	菜地	食用菌
氰化物,mg/L	≤0.5			≤0.05
化学需氧量,mg/L	≤150	≤200	≤100[a],≤60[b]	—
挥发酚,mg/L	≤1			≤0.002
石油类,mg/L	≤5	≤10	≤1	
全盐量,mg/L	≤1 000(非盐碱土地区),≤2 000(盐碱土地区)			—
粪大肠菌群,个/100mL	≤4 000	≤4 000	≤2 000[a],≤1 000[b]	—
注:对实行水旱轮作、菜粮套种或果粮套种等种植方式的农地,执行其中较低标准值的一项作物的标准值。				
[a] 加工、烹饪及去皮蔬菜。				
[b] 生食类蔬菜、瓜类和草本水果。				

3.2 土壤

土壤环境质量监测指标分基本指标和选测指标,其中基本指标为总汞、总砷、总镉、总铅、总铬 5 项,选测指标为总铜、总镍、邻苯二甲酸酯类总量 3 项。

各项监测指标应符合 GB 15618 的要求。对实行水旱轮作、菜粮套种或果粮套种等种植方式的农地,执行其中较低标准值的一项作物的标准值。

食用菌栽培基质需严格按照高温高压灭菌、常压灭菌、前后发酵、覆土消毒等生产工艺进行。需经灭菌处理的,灭菌后的基质应达到无菌状态;需经发酵处理的,应发酵全面、均匀。食用菌栽培生产用土应采用天然的、未受污染的泥炭土、草炭土、林地腐殖土或农田耕作层以下的壤土,其总汞、总砷、总镉、总铅指标应符合 GB 15618 的要求;其他栽培基质污染物限值要求参见附录 A。

4 采样方法

4.1 灌溉水

按 NY/T 396 的规定执行。

4.2 土壤

按 NY/T 395 的规定执行。

5 检测方法

本标准规定的检测方法,如有其他国家标准、行业标准以及部文件公告的检测方法,且其检出限和定量限能满足限量值要求时,在检测时可采用。

5.1 灌溉水

5.1.1 pH

按照 GB/T 6920 的规定执行。

5.1.2 总汞

按照 GB/T 5750.6 的规定执行。

5.1.3 总镉

按照 GB/T 7475 的规定执行。

5.1.4 总砷

按照 GB/T 5750.6 的规定执行。

5.1.5 总铅

按照 GB/T 7475 的规定执行。

5.1.6 六价铬

按照 GB/T 7467 的规定执行。

5.1.7 氰化物

按照 HJ 484 的规定执行。

5.1.8 化学需氧量

按照 GB/T 11914 的规定执行。

5.1.9 挥发酚

按照 HJ 503 的规定执行。

5.1.10 石油类

按照 HJ 637 的规定执行。

5.1.11 全盐量

按照 HJ/T 51 的规定执行。

5.1.12 粪大肠菌群

按照 GB/T 5750.12 的规定执行。

5.2 土壤

5.2.1 总镉

按照 GB/T 17141 的规定执行。

5.2.2 总汞

按照 GB/T 22105 的规定执行。

5.2.3 总铅

按照 GB/T 17141 的规定执行。

5.2.4 总铬

按照 NY/T 1121.12 的规定执行。

5.2.5 总砷

按照 GB/T 22105 的规定执行。

5.2.6 总镍

按照 GB/T 17139 的规定执行。

5.2.7 总铜

按照 GB/T 17138 的规定执行。

5.2.8 pH

按照 NY/T 1377 的规定执行。

5.2.9 阳离子交换量

按照 NY/T 1121.5 的规定执行。

5.2.10 邻苯二甲酸酯

参见附录 B。

6 产地环境评价

按照 NY/T 5295 的规定执行。

附　录　A

（资料性附录）

食用菌其他栽培基质中总汞、总砷、总镉参考限值

土培食用菌栽培基质按 3.2 相关条款执行，其他栽培基质应符合表 A.1 要求。各无公害农产品工作机构可根据当地食用菌生产品种，针对食用菌栽培基质制备的特点，对本标准中未规定的其他栽培基质的污染指标宜制定并实施地方食用菌栽培基质标准。表 A.1 为食用菌其他栽培基质部分污染物参考限值。

表 A.1　食用菌其他栽培基质中总汞、总砷、总镉参考限值

项　　目	指　　标
总汞，mg/kg	≤0.1
总砷，mg/kg	≤0.8
总镉，mg/kg	≤0.3

附 录 B

（资料性附录）

土壤中 6 种邻苯二甲酸酯含量测定 气相色谱串联质谱法

B.1 范围

本方法规定了土壤中 6 种邻苯二甲酸酯含量的气相色谱串联质谱法测定的条件和详细步骤。

本方法适用于土壤中 6 种邻苯二甲酸酯含量的测定。

B.2 方法提要

试样经蒸馏水活化后，乙腈振荡提取，提取液离心后加盐震荡分层；取上层提取液旋转蒸发至近干，氮气吹干，经 Florisil 小柱净化，淋洗液经浓缩后使用气相色谱串联质谱仪检测，外标法定量测定。

B.3 试剂和溶液

除非另有说明，所用试剂应为分析纯，水为 GB/T 6682 规定的一级水。

B.3.1 乙腈：分析纯。

B.3.2 正己烷：色谱纯。

B.3.3 丙酮：色谱纯。

B.3.4 6 种邻苯二甲酸酯标准品：邻苯二甲酸二甲酯（dimethyl phthalate，DMP），邻苯二甲酸二乙酯（diethyl phthalate，DEP），邻苯二甲酸二丁酯（dibuthyl phthalate，DBP），邻苯二甲酸丁基苄基酯（benzyl butyl phthalate，BBP），邻苯二甲酸二（2-乙基）己酯［bis（2-ethylhexyl）phthalate，DEHP］，邻苯二甲酸二正辛酯（di-n-octyl phthalate，DNOP）。

B.3.5 6 种邻苯二甲酸酯标准储备液：将各标准品使用正己烷分别配制成浓度为 1 000 mg/L 的标准溶液，再用正己烷配制成浓度为 100 mg/L 的标准储备液。

B.3.6 6 种邻苯二甲酸酯标准工作液：分别吸取标准储备液（B.3.5）各取 0.5 mL 于 10 mL 容量瓶内，使用正己烷定容，配置成浓度为 5 mg/L 的混合标准工作液。分析样品时使用正己烷逐级稀释成浓度为 500 μg/L、200 μg/L、100 μg/L、50 μg/L、20 μg/L、10 μg/L、5 μg/L、2 μg/L 的标准溶液，以作标准曲线。

B.3.7 氯化钠（优级纯）于 450℃灼烧 6 h，冷却后装玻璃瓶保存。

B.3.8 90 cm 定量滤纸。

B.3.9 100 mL 玻璃离心管。

B.3.10 Aglea cleanert 玻璃，1 000 mg，6 mL，Florisil 净化小柱。

B.4 仪器和设备

实验室常规仪器设备和以下各种仪器设备：

B.4.1 气相色谱串联质谱联用仪。

B.4.2 恒温水浴氮吹仪。

B.4.3 振荡仪。

B.4.4 天平：精确至 0.1 g。

B.5 试样的制备

取有代表性的样品至少 500 g。

B.6 分析步骤

B.6.1 样品处理

称取样品 10.0 g(精确至 0.1 g)于 150 mL 三角瓶中,加入 10 mL 蒸馏水混匀,活化半小时。加入 40 mL 乙腈,以 200 r/min 速度振荡 2 h,将样品倒入 100 mL 玻璃离心管中,在 4℃下以 3 500 r/min 速度离心 5 min。用滤纸过滤离心后的液体,滤液收集到装有 5 g~6 g 氯化钠的具塞量筒中,用力振荡 3 min 后静置 30 min 分层。取上层有机相 20 mL,放入 150 mL 圆底烧瓶内旋转蒸发近干,氮气吹干后加入 3.0 mL 正己烷待净化。将玻璃 Florisil 柱依次用 5.0 mL 丙酮+正己烷(10+90)、5.0 mL 正己烷预淋洗,条件化,当溶剂液面到达吸附层表面时,立即倒入上述待净化溶液,用 15 mL 刻度离心管接收洗脱液,用 6 mL 丙酮+正己烷(10+90)冲洗烧杯后淋洗玻璃 Florisil 柱,并重复 1 次。将盛有淋洗液的离心管于氮吹仪上,在水浴温度 50℃条件下,氮吹蒸发至小于 5 mL,用正己烷定容至 5.0 mL,在旋涡混合器上混匀,移入 2 mL 自动进样器样品瓶中,待测。

B.6.2 测定

B.6.2.1 气相色谱串联质谱联用仪参考条件

a) 色谱柱:J&W HP-5MS 30 m×250 μm×0.25 μm 或相当者。

b) 气相的设定条件为:进样口温度:280℃,进样模式:不分流加压进样,传输线温度:300℃,载气:氮气,柱流速:1.2 mL/min,升温程序:100℃(0 min),20℃/min 升至 250℃(5 min)。

c) 进样量:1 μL。

d) 质谱条件:电子轰击离子源(EI),温度 280℃,四级杆温度 150℃,碰撞气:N₂ 1.5 mL/min,采用多反应监测(MRM)方式进行数据采集,6 种邻苯二甲酸酯的监测离子(m/z)碰撞电压(CE)和保留时间见表 B.1。

表 B.1 MRM 模式下 6 种邻苯二甲酸酯的保留时间、监测离子及碰撞电压

化合物	母离子 m/z	子离子 m/z	碰撞电压 eV	保留时间 min
DMP	194	162.96	10	4.913
DMP	162.96	132.93	10	4.913
DEP	176.99	148.99	10	5.442
DEP	222.01	148.98	15	5.442
DBP	223.06	148.97	10	7.396
DBP	148.97	121.99	10	7.396
BBP	206.01	148.91	5	9.221
BBP	206.02	123	10	9.221
DEHP	166.95	149.02	10	10.117
DEHP	148.91	120.93	10	10.117
DNOP	279.11	166.92	5	11.3
DNOP	279.12	71	10	11.3

B.6.2.2 标准曲线的绘制

在上述仪器条件下测定标准溶液的响应值,以峰面积为横坐标,6 种邻苯二甲酸酯浓度为纵坐标,绘制标准曲线。

B.6.2.3 样品中 6 种邻苯二甲酸酯含量的测定

在上述色谱质谱测定条件下测定试样的响应值(峰面积),通过色谱峰在色谱图中的保留时间确认样品中的 6 种邻苯二甲酸酯,根据峰面积由标准曲线上计算得到样液中 6 种邻苯二甲酸酯的含量。

B.7 结果计算

试样中被测邻苯二甲酸酯残留量以质量分数 ω 计,数值以毫克每千克(mg/kg)表示,按式(B.1)计算。

$$\omega_i = \frac{V_1 \times A_i \times V_3}{V_2 \times A_{si} \times m} \times \rho_i \qquad\qquad\qquad (B.1)$$

式中:

ω_i ——试样中每种被测邻苯二甲酸酯残留量,单位为毫克每千克(mg/kg);

ρ_i ——标准溶液中农药的质量浓度,单位为毫克每升(mg/L);

A_i ——样品溶液中被测农药的峰面积;

A_{si} ——农药标准溶液中被测农药的峰面积;

V_1 ——提取溶剂总体积,单位为毫升(mL);

V_2 ——吸取出用于检测的提取溶液的体积,单位为毫升(mL);

V_3 ——样品溶液定容体积,单位为毫升(mL);

m ——试样的质量,单位为克(g)。

计算结果保留两位有效数字,当结果大于 1 mg/kg 时保留三位有效数字。

B.8 精密度

同一样品独立进行测试获得的两次独立测试结果的绝对差值不得超过算术平均值的 15%。

畜牧业产地环境条件标准

ICS 13.060
S 815.2

中华人民共和国农业行业标准

NY 5027—2008
代替 NY 5027—2001

无公害食品 畜禽饮用水水质

2008-05-16 发布

2008-07-01 实施

中华人民共和国农业部 发布

前　言

本标准代替 NY 5027—2001《无公害食品　畜禽饮用水水质》。

本标准与 NY 5027—2001 相比主要修改如下：

——水质指标检验方法引用 GB/T 5750《生活饮用水标准检验方法》；

——修改了 pH、总大肠菌群和硝酸盐 3 项指标；

——增加了型式检验内容；

——删除饮用水水质中肉眼可见物和氯化物 2 个检测项；

——删除了农药残留限量。

本标准由中华人民共和国农业部市场与经济信息司提出并归口。

本标准起草单位：农业部农产品质量安全中心、中国农业科学院北京畜牧兽医研究所、徐州师范大学。

本标准主要起草人：侯水生、张春雷、丁保华、廖超子、樊红平、黄苇、王艳红、谢明。

本标准于 2001 年 9 月首次发布，本次为第一次修订。

无公害食品　畜禽饮用水水质

1　范围

本标准规定了生产无公害畜禽产品过程中畜禽饮用水水质的要求、检验方法。

本标准适用于生产无公害食品的畜禽饮用水水质的要求。

2　规范性引用文件

下列文件中的条款通过本标准的引用而成为本标准的条款。凡是注日期的引用文件，其随后所有的修改单（不包括勘误的内容）或修订版均不适用于本标准，然而，鼓励根据本标准达成协议的各方研究是否可使用这些文件的最新版本。凡是不注日期的引用文件，其最新版本适用于本标准。

GB/T 5750.2　生活饮用水标准检验方法　水样的采集与保存

GB/T 5750.4　生活饮用水标准检验方法　感官性状和物理指标

GB/T 5750.5　生活饮用水标准检验方法　无机非金属指标

GB/T 5750.6　生活饮用水标准检验方法　金属指标

GB/T 5750.12　生活饮用水标准检验方法　微生物指标

3　要求

畜禽饮用水水质应符合表1的规定。

表 1　畜禽饮用水水质安全指标

项　目		标　准　值	
		畜	禽
感官性状及一般化学指标	色	≤30°	
	浑浊度	≤20°	
	臭和味	不得有异臭、异味	
	总硬度（以 $CaCO_3$ 计），mg/L	≤1 500	
	pH	5.5～9.0	6.5～8.5
	溶解性总固体，mg/L	≤4 000	≤2 000
	硫酸盐（以 SO_4^{2-} 计），mg/L	≤500	≤250
细菌学指标	总大肠菌群，MPN/100mL	成年畜100，幼畜和禽10	
毒理学指标	氟化物（以 F^- 计），mg/L	≤2.0	≤2.0
	氰化物，mg/L	≤0.20	≤0.05
	砷，mg/L	≤0.20	≤0.20
	汞，mg/L	≤0.01	≤0.001
	铅，mg/L	≤0.10	≤0.10
	铬（六价），mg/L	≤0.10	≤0.05
	镉，mg/L	≤0.05	≤0.01
	硝酸盐（以 N 计），mg/L	≤10.0	≤3.0

4 检验方法

4.1 色

按 GB/T 5750.4 规定执行。

4.2 浑浊度

按 GB/T 5750.4 规定执行。

4.3 臭和味

按 GB/T 5750.4 规定执行。

4.4 总硬度(以 $CaCO_3$ 计)

按 GB/T 5750.4 规定执行。

4.5 溶解性总固体

按 GB/T 5750.4 规定执行。

4.6 硫酸盐(以 SO_4^{2-} 计)

按 GB/T 5750.5 规定执行。

4.7 总大肠菌群

按 GB/T 5750.12 规定执行。

4.8 pH

按 GB/T 5750.4 规定执行。

4.9 铬(六价)

按 GB/T 5750.6 规定执行。

4.10 汞

按 GB/T 5750.6 规定执行。

4.11 铅

按 GB/T 5750.6 规定执行。

4.12 镉

按 GB/T 5750.6 规定执行。

4.13 硝酸盐

按 GB/T 5750.5 规定执行。

4.14 氟化物(以 F^- 计)

按 GB/T 5750.5 规定执行。

4.15 砷

按 GB/T 5750.6 规定执行。

4.16 氰化物

按 GB/T 5750.5 规定执行。

5 检验规则

5.1 水样的采集与保存

按 GB 5750.2 规定执行。

5.2 型式检验

型式检验应检验技术要求中全部项目。在下列情况之一时应进行型式检验:

a) 申请无公害农产品认证和进行无公害农产品年度抽查检验;

b)　更换设备或长期停产再恢复生产时。

5.3　判定规则

5.3.1　全部检验项目均符合本标准时,判为合格;否则,判为不合格。

5.3.2　对检验结果有争议时,应对留存样品进行复检。对不合格项复检,以复检结果为准。

ICS 13.060
TS 251.7

中华人民共和国农业行业标准

NY 5028—2008
代替 NY 5028—2001

无公害食品　畜禽产品加工用水水质

2008-05-16 发布

2008-07-01 实施

中华人民共和国农业部 发布

前　言

本标准代替 NY 5028—2001《无公害食品　畜禽产品加工用水水质》。

本标准与 NY 5028—2001 相比,主要修改如下:

——水质指标检验方法引用 GB/T 5750《生活饮用水标准检验方法》;

——将化学指标中"硫酸"改为"硫酸盐",将"总溶解性固体"改为"溶解性总固体";

——将深加工用水水质卫生要求改为"应符合 GB/T 5749 的要求";

——增加了感官指标、总大肠菌群和粪大肠菌群检测方法;

——增加了检验规则。

本标准由中华人民共和国农业部市场与经济信息司提出并归口。

本标准起草单位:农业部农产品质量安全中心、中国农业科学院北京畜牧兽医研究所、徐州师范大学。

本标准主要起草人:张春雷、侯水生、丁保华、廖超子、樊红平、黄苇、王艳红、谢明。

本标准于 2001 年 9 月首次发布,本次为第一次修订。

无公害食品　畜禽产品加工用水水质

1　范围

本标准规定了无公害畜禽产品加工用水水质的术语和定义、要求、试验方法和检验规则。

本标准适用于无公害畜禽产品的加工用水水质要求。

2　规范性引用文件

下列文件中的条款通过本标准的引用而成为本标准的条款。凡是注日期的引用文件，其随后所有的修改单（不包括勘误的内容）或修订版均不适用于本标准，然而，鼓励根据本标准达成协议的各方研究是否可使用这些文件的最新版本。凡是不注日期的引用文件，其最新版本适用于本标准。

GB 5749　生活饮用水卫生标准

GB/T 5750.2　生活饮用水标准检验方法　水样的采集与保存

GB/T 5750.4　生活饮用水标准检验方法　感观性状和物理指标

GB/T 5750.5　生活饮用水标准检验方法　无机非金属指标

GB/T 5750.6　生活饮用水标准检验方法　金属指标

GB/T 5750.12　生活饮用水标准检验方法　微生物指标

GB/T 18920　城市污水再生利用　城市杂用水水质

3　术语和定义

下列术语和定义适用于本标准。

3.1

屠宰加工用水

在特定的屠宰车间内将畜禽屠宰加工成胴体或初分割过程中需要的生产性用水。

3.2

畜禽制品深加工用水

畜禽产品（包括肉、蛋、奶）加工成制品（成品）或半制品（初级产品或分割制品）过程中需要的生产性用水，包括添加水和原料洗涤用水。

4　要求

4.1　屠宰加工用水水质卫生要求

卫生安全指标应符合表1规定。

表　1　安全指标

指　　标		卫　生　要　求
感官指标	色	≤20°
	浑浊度	≤10°
	臭和味	不得有异臭，异味
	肉眼可见物	不得含有

表 1（续）

指　标		卫　生　要　求
化学指标	总硬度(以 CaCO₃)计,mg/L	≤550
	pH	5.5～9.0
	硫酸盐,mg/L	≤300
	氯化物,mg/L	≤300
	溶解性总固体,mg/L	≤1 500
	氟化物,mg/L	≤1.20
	氰化物,mg/L	≤0.05
	砷,mg/L	≤0.05
	汞,mg/L	≤0.001
	铅,mg/L	≤0.05
	铬(六价),mg/L	≤0.05
	镉,mg/L	≤0.01
	硝酸盐(以 N 计),mg/L	≤20
微生物指标	总大肠菌群,MPN/100 mL	≤10
	粪大肠菌群,MPN/100 mL	≤0

4.2　畜禽制品深加工用水水质卫生要求

应符合 GB 5749 的要求。

4.3　其他用水

包括循环冷却水、设备冲洗用水,应符合 GB/T 18920 中车辆冲洗用水水质要求。

5　试验方法

5.1　色

按 GB/T 5750.4 规定执行。

5.2　浑浊度

按 GB/T 5750.4 规定执行。

5.3　臭和味

按 GB/T 5750.4 规定执行。

5.4　肉眼可见物

按 GB/T 5750.4 规定执行。

5.5　总硬度(以 CaCO₃)

按 GB/T 5750.4 规定执行。

5.6　溶解性总固体

按 GB/T 5750.4 规定执行。

5.7　硫酸盐

按 GB/T 5750.4 规定执行。

5.8　pH

按 GB/T 5750.4 规定执行。

5.9 铬(六价)

按 GB/T 5750.6 规定执行。

5.10 汞

按 GB/T 5750.6 规定执行。

5.11 铅

按 GB/T 5750.6 规定执行。

5.12 镉

按 GB/T 5750.6 规定执行。

5.13 硝酸盐

按 GB/T 5750.5 规定执行。

5.14 氟化物

按 GB/T 5750.5 规定执行。

5.15 砷

按 GB/T 5750.6 规定执行。

5.16 氰化物

按 GB/T 5750.5 规定执行。

5.17 氯化物

按 GB/T 5750.5 规定执行。

5.18 总大肠菌群

按 GB/T 5750.12 规定执行。

5.19 粪大肠菌群

按 GB/T 5750.12 规定执行。

6 检验规则

6.1 水样的采集与保存

按 GB 5750.2 规定执行。

6.2 型式检验

型式检验应检验技术要求中全部项目。在下列情况之一时应进行型式检验：

a) 申请无公害农产品认证和进行无公害农产品年度抽查检验；

b) 更换设备或长期停产再恢复生产时。

6.3 判定规则

6.3.1 全部检验项目均符合本标准时,判为合格;否则,判为不合格。

6.3.2 对检验结果有争议时,应对留存样品进行复检。对不合格项复检,以复检结果为准。

渔 业 产 地 环 境 条 件 标 准

ICS 67.120.30
B 50

中华人民共和国农业行业标准

NY/T 5361—2016
代替 NY 5361—2010

无公害农产品　淡水养殖产地环境条件

2016-05-23 发布
2016-10-01 实施

中华人民共和国农业部 发布

前　言

本标准按照 GB/T 1.1—2009 给出的规则起草。

本标准代替 NY 5361—2010《无公害农产品　淡水养殖产地环境条件》。本标准与 NY 5361—2010 相比,除编辑性修改外,主要技术变化如下:

——删除了"产地选择"中养殖产地的一般性要求;

——删除了"产地环境保护"中养殖废水排放满足 SC/T 9101 的要求;

——删除了养殖水源的水质规定;

——修改"总大肠杆菌"为"总大肠菌群";

——修改"铬"为"铬(六价)",限量值为≤0.05 mg/L;

——删除了"硫化物"和"马拉硫磷"指标;

——增加了"五氯酚钠"和"呋喃丹"指标;

——删除了"铜"和"硫化氢"指标;

——增加了"滴滴涕"指标。

本标准由中华人民共和国农业部提出并归口。

本标准起草单位:中国水产科学研究院长江水产研究所、农业部农产品质量安全中心。

本标准主要起草人:何力、周运涛、廖超子、喻亚丽、丁保华、甘金华、伍刚。

本标准的历次版本发布情况为:

——NY 5361—2010。

无公害农产品　淡水养殖产地环境条件

1　范围

本标准规定了淡水养殖产地选择、产地环境保护、养殖用水、养殖产地底质、样品采集、储存、运输和处理、测定方法和结果判定。

本标准适用于无公害农产品(淡水养殖产品)产地。

2　规范性引用文件

下列文件对于本文件的应用是必不可少的。凡是注日期的引用文件,仅注日期的版本适用于本文件。凡是不注日期的引用文件,其最新版本(包括所有的修改单)适用于本文件。

GB/T 5750.6　生活饮用水标准检验方法　金属指标

GB/T 5750.9　生活饮用水标准检验方法　农药指标

GB/T 5750.12　生活饮用水标准检验方法　微生物指标

GB/T 7467　水质　六价铬的测定

GB 7475　水质　铜、锌、铅、镉的测定　原子吸收分光光度法

GB/T 7485　水质　总砷的测定　二乙基二硫代氨基甲酸银分光光度法

GB/T 8538　饮用天然矿泉水检验方法

GB 13192　水质　有机磷农药的测定　气相色谱法

GB/T 17141　土壤质量　铅、铬的测定　石墨炉原子吸收分光光度法

GB 17378.4　海洋监测规范　第4部分:海水分析

GB 17378.5　海洋检测规范　第5部分:沉积物分析

HJ 491　土壤　总铬的测定　火焰原子吸收分光广度法

HJ 493　水质采样　样品的保存和管理技术规定

HJ 494　水质　采样技术指导

HJ 495　水质　采样方案设计技术规定

HJ 503　水质挥发酚的测定　4-氨基安替比林分光光度法

HJ 591　水质　五氯酚的测定　气相色谱法

HJ 597　水质　总汞的测定　冷原子吸收分光光度法

HJ 637　水质　石油类和动植物油类的测定　红外分光光度法

HJ 680　土壤和沉积物　汞、砷、硒、铋、锑的测定　微波消解/原子荧光法

HJ 694　水质　汞、砷、硒、铋和锑的测定　原子荧光法

HJ 700　水质　65种元素的测定电感耦合等离子体质谱法

NY/T 2798.13—2015　无公害农产品　生产质量安全控制技术规范　第13部分:养殖水产品

NY/T 5295　无公害农产品　产地环境评价准则

SC/T 9102.3　渔业生态环境监测规范　第3部分:淡水

3　要求

3.1　淡水养殖产地选择

按NY/T 2798.13—2015中3.1.1的规定执行。

3.2　淡水养殖产地环境保护

3.2.1 应加强环境保护,实施环保措施,防范污染。

3.2.2 应设置并明示产地标识牌,内容包括产地名称、面积、范围和防污染警示等。

3.3 淡水养殖用水

3.3.1 淡水养殖用水应无异色、异臭、异味。

3.3.2 淡水养殖用水水质应符合表1的要求。

表1 淡水养殖用水水质要求

序号	项目	限量值
1	总大肠菌群,个/L	≤5 000
2	总汞,mg/L	≤0.000 1
3	镉,mg/L	≤0.005
4	铅,mg/L	≤0.05
5	铬(六价),mg/L	≤0.05
6	砷,mg/L	≤0.05
7	石油类,mg/L	≤0.05
8	挥发酚,mg/L	≤0.005
9	五氯酚钠,mg/L	≤0.01
10	甲基对硫磷,mg/L	≤0.000 5
11	乐果,mg/L	≤0.1
12	呋喃丹,mg/L	≤0.01

3.4 淡水养殖产地底质

3.4.1 产地底质无工业废弃物和生活垃圾,无大型植物碎屑和动物尸体。

3.4.2 淡水底栖类水产养殖产地底质应符合表2要求。

表2 淡水底栖类水产养殖产地底质要求

序号	项目	限量值(以干重计),mg/kg
1	总汞	≤0.2
2	镉	≤0.5
3	铅	≤60
4	铬	≤80
5	砷	≤20
6	滴滴涕[a]	≤0.02
[a] 为四种衍生物(pp'-DDE、op'-DDT、pp'-DDD 和 pp'-DDT)的总量。		

4 样品采集、储存、运输和处理

4.1 水质样品采集、储存、运输和处理应符合 HJ 493、HJ 494 和 HJ 495 的规定。

4.2 底质样品采集、储存、运输和处理应符合 SC/T 9102.3 的规定。

5 测定方法

5.1 水质测定方法见表3。

表3 淡水养殖水质测定方法

序号	项目	测定方法	检出限,mg/L	引用标准
1	总大肠菌群	(1)多管发酵法 (2)滤膜法	—	GB/T 5750.12
2	总汞	(1)原子荧光法	0.000 06	GB/T 8538
		(2)冷原子吸收分光光度法	0.000 4	HJ 597
		(3)原子荧光法	0.000 4	HJ 694
3	镉	(1)无火焰原子吸收分光光度法	0.000 5	GB/T 5750.6
		(2)电感耦合等离子体质谱法	0.000 05	HJ 700
		(3)原子吸收分光光度法	0.001	GB 7475
4	铅	(1)无火焰原子吸收分光光度法	0.002	GB/T 5750.6
		(2)电感耦合等离子体质谱法	0.000 09	HJ 700
		(3)原子吸收分光光度法	0.01	GB 7475
5	铬(六价)	二苯碳酰二肼分光光度法	0.004	GB/T 7467
6	砷	(1)原子荧光法	0.000 03	HJ 694
		(2)二乙基二硫代氨基甲酸银分光光度法	0.000 04	GB/T 7485
		(3)原子荧光光度法	0.007	GB/T 8538
7	石油类	(1)红外分光光度法	0.01	HJ 637
		(2)紫外分光光度法	0.01	GB 17378.4
8	挥发酚	4-氨基安替比林分光光度法	0.000 3	HJ 503
9	五氯酚钠	气相色谱法	0.01	HJ 591
10	甲基对硫磷	(1)气相色谱法	0.000 1	GB/T 5750.9
		(2)气相色谱法	0.000 4	GB/T 13192
11	乐果	(1)气相色谱法	0.000 1	GB/T 5750.9
		(2)气相色谱法	0.000 6	GB/T 13192
12	呋喃丹	液相色谱法	0.000 1	GB/T 5750.9

注:对于有多种测定方法的项目,在测定结果出现争议时,以方法(1)为仲裁方法。

5.2 底质测定方法见表4。

表4 淡水养殖底质测定方法

序号	项目	测定方法	检出限,mg/kg	引用标准
1	总汞	(1)微波消解/原子荧光法	0.002	HJ 680
		(2)原子荧光法	0.002	GB 17378.5
		(3)冷原子吸收光度法	0.005	GB 17378.5
2	镉	(1)石墨炉原子吸收分光光度法	0.01	GB/T 17141
		(2)无火焰原子吸收分光光度法	0.04	GB 17378.5
		(3)火焰原子吸收分光光度法	0.05	GB 17378.5
3	铅	(1)石墨炉原子吸收分光光度法	0.1	GB/T 17141
		(2)无火焰原子吸收分光光度法	1.0	GB 17378.5
		(3)火焰原子吸收分光光度法	3.0	GB 17378.5
4	铬	(1)火焰原子吸收分光光度法	5.0	HJ 491
		(2)无火焰原子吸收分光光度法	2.0	GB 17378.5
		(3)二苯碳酰二肼分光光度法	2.0	GB 17378.5
5	砷	(1)微波消解/原子荧光法	0.01	HJ 680
		(2)原子荧光法	2.0	GB 17378.5
		(3)氢化物-原子吸收分光光度法	3.0	GB 17378.5
6	滴滴涕	气相色谱法	—	GB 17378.5

注:对于有多种测定方法的项目,在测定结果出现争议时,以方法(1)为仲裁方法。

6 产地环境评价

按照 NY/T 5295 的规定执行。

————————

ICS 65.150
B 51

中华人民共和国农业行业标准

NY 5362—2010

无公害食品 海水养殖产地环境条件

2010-09-21 发布 　　　　　　　　2010-12-01 实施

中华人民共和国农业部 发布

前 言

本标准遵照 GB/T 1.1—2009 给出的规则起草。

本标准由中华人民共和国农业部渔业局提出并归口。

本标准起草单位:山东省水产品质量检验中心。

本标准主要起草人:孙玉增、刘义豪、马元庆、靳洋、秦华伟、徐英江、任利华。

无公害食品 海水养殖产地环境条件

1 范围

本标准规定了海水养殖产地选择、养殖水质要求、养殖底质要求、采样方法、测定方法和判定规则。
本标准适用于无公害农产品(海水养殖产品)的产地环境检测与评价。

2 规范性引用文件

下列文件对于本文件的应用是必不可少的。凡是注日期的引用文件,仅注日期的版本适用于本文件。凡是不注日期的引用文件,其最新版本(包括所有的修改单)适用于本文件。

GB/T 12763.2 海洋调查规范 海洋水文观测

GB/T 13192 水质 有机磷农药的测定 气相色谱法

GB 17378.4 海洋监测规范第四部分:海水分析

GB 17378.5 海洋监测规范第五部分:沉积物分析

GB 17378.7 海洋监测规范第七部分:近海污染生态调查和生物监测

SC/T 9102.2 渔业生态监测规范第 2 部分:海洋

SC/T 9103 海水养殖水排放要求

3 要求

3.1 产地选择

3.1.1 养殖场应是不直接受工业"三废"及农业、城镇生活、医疗废弃物污染的水(地)域,具有可持续生产的能力。

3.1.2 产地周边没有对产地环境构成威胁的(包括工业"三废"、农业废弃物、医疗机构污水及废弃物、城市垃圾和生活污水等)污染源。

3.2 产地环境保护

3.2.1 产地在生产过程中应加强管理,注重环境保护,制定环保制度。

3.2.2 合理利用资源,提倡养殖用水循环使用,排放应符合 SC/T 9103 及其他相关规定。

3.2.3 产地在醒目位置应设置产地标识牌,内容包括产地名称、面积、范围和防污染警示等。

3.3 海水养殖水质要求

海水养殖用水应符合表1的规定。

表 1 海水养殖用水水质要求

序 号	项 目	限 量 值
1	色、臭、味	不得有异色、异臭、异味
2	粪大肠菌群,MPN/L	≤2 000(供人生食的贝类养殖水质≤140)
3	汞,mg/L	≤0.000 2
4	镉,mg/L	≤0.005
5	铅,mg/L	≤0.05
6	总铬,mg/L	≤0.1
7	砷,mg/L	≤0.03
8	氰化物,mg/L	≤0.005
9	挥发性酚,mg/L	≤0.005

表1（续）

序 号	项 目	限 量 值
10	石油类,mg/L	≤0.05
11	甲基对硫磷,mg/L	≤0.000 5
12	乐果,mg/L	≤0.1

3.4 海水养殖底质要求

3.4.1 无工业废弃物和生活垃圾,无大型植物碎屑和动物尸体。

3.4.2 无异色、异臭。

3.4.3 对于底播养殖的贝类、海参及池塘养殖海水蟹等,其底质应符合表2的规定。

表2 海水养殖底质要求

序 号	项 目	限 量 值
1	粪大肠菌群,MPN/g(湿重)	≤40(供人生食的贝类增养殖底质≤3)
2	汞,mg/kg(干重)	≤0.2
3	镉,mg/kg(干重)	≤0.5
4	铜,mg/kg(干重)	≤35
5	铅,mg/kg(干重)	≤60
6	铬,mg/kg(干重)	≤80
7	砷,mg/kg(干重)	≤20
8	石油类,mg/kg(干重)	≤500
9	多氯联苯(PCB 28、PCB 52、PCB 101、PCB 118、PCB 138、PCB 153、PCB 180 总量)mg/kg(干重)	≤0.02

4 采样方法

海水养殖用水水质、底质检测样品的采集、贮存和预处理按 SC/T 9102.2、GB/T 12763.4 和 GB 17378.3 的规定执行。

5 测定方法

5.1 海水养殖用水水质项目按表3规定的检验方法执行。

表3 海水养殖水质项目测定方法

序号	项目	检验方法	检出限,mg/L	依据标准
1	色、臭、味	(1)比色法	—	GB/T 12763.2
		(2)感官法	—	GB 17378.4
2	粪大肠菌群	(1)发酵法	—	GB 17378.7
		(2)滤膜法	—	
3	汞	(1)原子荧光法	7.0×10^{-6}	GB 17378.4
		(2)冷原子吸收分光光度法	1.0×10^{-6}	
		(3)金捕集冷原子吸收分光光度法	2.7×10^{-6}	
4	镉	(1)无火焰原子吸收分光光度法	1.0×10^{-5}	GB 17378.4
		(2)阳极溶出伏安法	9.0×10^{-5}	
		(3)火焰原子吸收分光光度法	3.0×10^{-4}	
5	铅	(1)无火焰原子吸收分光光度法	3.0×10^{-5}	GB 17378.4
		(2)阳极溶出伏安法	3.0×10^{-4}	
		(3)火焰原子吸收分光光度法	1.8×10^{-3}	

表 3（续）

序号	项目	检验方法	检出限,mg/L	依据标准
6	总铬	(1)无火焰原子吸收分光光度法 (2)二苯碳酰二肼分光光度法	4.0×10^{-4} 3.0×10^{-4}	GB 17378.4
7	砷	(1)原子荧光法 (2)砷化氢—硝酸银分光光度法 (3)氢化物发生原子吸收分光光度法 (4)催化极谱法	5.0×10^{-4} 4.0×10^{-4} 6.0×10^{-5} 1.1×10^{-3}	GB 17378.4
8	氰化物	(1)异烟酸—吡唑啉酮分光光度法 (2)吡啶—巴比士酸分光光度法	5.0×10^{-4} 3.0×10^{-4}	GB 17378.4
9	挥发性酚	4-氨基安替比林分光光度法	1.1×10^{-3}	GB 17378.4
10	石油类	(1)荧光分光光度法 (2)紫外分光光度法	1.0×10^{-3} 3.5×10^{-3}	GB 17378.4
11	甲基对硫磷	气相色谱法	4.2×10^{-4}	GB/T 13192
12	乐果	气相色谱法	5.7×10^{-4}	GB/T 13192
注:部分有多种测定方法的指标,在测定结果出现争议时,以方法(1)为仲裁方法。				

5.2 海水养殖底质按表 4 规定的检验方法执行。

表 4　海水养殖底质项目测定方法

序号	项目	检验方法	检出限,mg/kg	依据标准
1	粪大肠菌群	(1)发酵法 (2)滤膜法	—	GB 17378.7
2	汞	(1)原子荧光法 (2)冷原子吸收分光光度法	2.0×10^{-3} 5.0×10^{-3}	GB 17378.5
3	镉	(1)无火焰原子吸收分光光度法 (2)火焰原子吸收分光光度法	0.04 0.05	GB 17378.5
4	铅	(1)无火焰原子吸收分光光度法 (2)火焰原子吸收分光光度法	1.0 3.0	GB 17378.5
5	铜	(1)无火焰原子吸收分光光度法 (2)火焰原子吸收分光光度法	0.5 2.0	GB 17378.5
6	铬	(1)无火焰原子吸收分光光度法 (2)二苯碳酰二肼分光光度法	2.0 2.0	GB 17378.5
7	砷	(1)原子荧光法 (2)砷铝酸—结晶紫外分光光度法 (3)氢化物—原子吸收分光光度法 (4)催化极谱法	0.06 3.0 1.0 2.0	GB 17378.5
8	石油类	(1)荧光分光光度法 (2)紫外分光光度法 (3)重量法	1.0 3.0 20	GB 17378.5
9	多氯联苯	气相色谱法	59×10^{-6}	GB 17378.5
注:部分有多种测定方法的指标,在测定结果出现争议时,以方法(1)为仲裁方法。				

6　判定规则

场址选择、环境保护措施符合要求,水质、底质按本标准采用单项判定法,所列指标单项超标,判定为不合格。

第二部分

农业投入品使用准则

ICS 65.020.30
B 42

中华人民共和国农业行业标准

NY/T 5030—2016
代替 NY 5138—2002，NY 5030—2006

无公害农产品　兽药使用准则

2016-05-23 发布

2016-10-01 实施

中华人民共和国农业部 发布

NY/T 5030—2016

前　言

本标准按照 GB/T 1.1—2009 给出的规则起草。

本标准代替 NY 5138—2002《无公害食品　蜂蜜饲养兽药使用准则》和 NY 5030—2006《无公害食品　畜禽饲养兽药使用准则》。本标准与 NY 5138—2002、NY 5030—2006 相比，主要技术变化如下：

——增加了兽药购买要求，对购买兽药、兽药质量、兽药储存与运输以及产品追溯等做了规定；

——兽药使用要求增加了处方药、乡村兽医等方面的相关内容；

——用药记录档案保存期由 1 年（含 1 年）以上改为 3 年（含 3 年）以上；

——附录增加了国家有关禁用兽药、不得使用的药物及限用兽药的规定，以及兽用处方药品种目录（第一批）、乡村兽医基本用药目录和《兽药产品说明书》中储藏项下名词术语。

本标准由中华人民共和国农业部提出。

本标准由农业部农产品质量安全中心归口。

本标准起草单位：中国兽医药品监察所、农业部农产品质量安全中心、中国农业科学院蜜蜂研究所。

本标准主要起草人：汪霞、高光、梁先明、廖超子、吴黎明、孙雷、徐倩、刘艳华。

本标准的历次版本发布情况为：

——NY 5138—2002、NY 5030—2006。

无公害农产品　兽药使用准则

1　范围

本标准规定了兽药的术语和定义、使用要求、使用记录和不良反应报告。

本标准适用于无公害农产品（畜禽产品、蜂蜜）的生产、管理和认证。

2　规范性引用文件

下列文件对于本文件的应用是必不可少的。凡是注日期的引用文件，仅注日期的版本适用于本文件。凡是不注日期的引用文件，其最新版本（包括所有的修改单）适用于本文件。

兽药管理条例

中华人民共和国动物防疫法

中华人民共和国兽药典

中华人民共和国农业部公告第 168 号　饲料药物添加剂使用规范

中华人民共和国农业部公告第 176 号　禁止在饲料和动物饮用水中使用的药物品种目录

中华人民共和国农业部公告第 193 号　食品动物禁用的兽药及其他化合物清单

中华人民共和国农业部公告第 235 号　动物性食品中兽药最高残留限量

中华人民共和国农业部公告第 560 号　兽药地方标准废止目录

中华人民共和国农业部公告第 1519 号　禁止在饲料和动物饮水中使用的物质

中华人民共和国农业部公告第 1997 号　兽用处方药品种目录（第一批）

中华人民共和国农业部公告第 2069 号　乡村兽医基本用药目录

3　术语和定义

下列术语和定义适用于本文件。

3.1

兽药　veterinary drugs

用于预防、治疗、诊断动物疾病或者有目的地调节动物生理机能的物质（含药物饲料添加剂），主要包括血清制品、疫苗、诊断制品、微生态制品、中药材、中成药、化学药品、抗生素、生化药品、放射性药品及外用杀虫剂、消毒剂等。

3.2

兽用处方药　veterinary prescription drugs

由国务院兽医行政管理部门公布的、凭兽医处方方可购买和使用的兽药。

3.3

食品动物　food-producing animal

各种供人食用或其产品供人食用的动物。

3.4

休药期　withdrawal time

食品动物从停止给药到许可屠宰或其产品（奶、蛋）许可上市的间隔时间。对于奶牛和蛋鸡也称弃奶期或弃蛋期。蜜蜂从停止给药到其产品收获的间隔时间。

4 购买要求

4.1 使用者和兽医进行预防、治疗和诊断疾病所用的兽药均应是农业部批准的兽药或批准进口注册的兽药,其质量均应符合相关的兽药国家标准。

4.2 使用者和兽医在购买兽药时,应在国家兽药基础信息查询系统中核对兽药产品批准信息,包括核对购买产品的批准文号、标签和说明书内容、生产企业信息等。

4.3 购买的兽药产品为生物制品的,应在国家兽药基础信息查询系统中核对兽用生物制品批签发信息,不得购买和使用兽用生物制品批签发数据库外的兽用生物制品。

4.4 购买的兽药产品标签附有二维码的,应在国家兽药产品追溯系统中进一步核对产品信息。

4.5 使用者应定期在国家兽药基础信息查询系统中查看农业部发布的兽药质量监督抽检质量通报和有关假兽药查处活动的通知,不应购买和使用非法兽药生产企业生产的产品,不应购买和使用重点监控企业的产品以及抽检不合格的产品。

4.6 兽药应在说明书规定的条件下储存与运输,以保证兽药的质量。《兽药产品说明书》中储藏项下名词术语见附录 A。

5 使用要求

5.1 使用者和兽医应遵守《兽药管理条例》的有关规定使用兽药,应凭兽医开具的处方使用中华人民共和国农业部公告第 1997 号规定的兽用处方药(见附录 B)。处方笺应当保存 3 年以上。

5.2 从事动物诊疗服务活动的乡村兽医,凭乡村兽医登记证购买和使用中华人民共和国农业部公告第 2069 号中所列处方药(见附录 C)。

5.3 使用者和兽医应慎开具或使用抗菌药物。用药前宜做药敏试验,能用窄谱抗菌药物的就不用广谱抗菌药物,药敏实验的结果应进行归档。同时考虑交替用药,尽可能降低耐药性的产生。蜜蜂饲养者对蜜蜂疾病进行诊断后,选择一种合适的药物,避免重复用药。

5.4 使用者和兽医应严格按照农业部批准的兽药标签和说明书(见国家兽药基础信息查询系统)用药,包括给药途径、剂量、疗程、动物种属、适应证、休药期等。

5.5 不应超出兽药产品说明书范围使用兽药;不应使用农业部规定禁用、不得使用的药物品种(见附录 D);不应使用人用药品;不应使用过期或变质的兽药;不应使用原料药。

5.6 使用饲料药物添加剂时,应按中华人民共和国农业部公告第 168 号的规定执行。

5.7 兽医应按《中华人民共和国动物防疫法》的规定对动物进行免疫。

5.8 兽医应慎用拟肾上腺素药、平喘药、抗胆碱药与拟胆碱药、糖皮质激素类药和解热镇痛消炎药,并应严格按批准的作用与用途和用法与用量使用。

5.9 非临床医疗需要,不应使用麻醉药、镇痛药、镇静药、中枢兴奋药、性激素类药、化学保定药及骨骼肌松弛药。

6 兽药使用记录

6.1 使用者和兽医使用兽药,应认真做好用药记录。用药记录至少应包括动物种类、年(日)龄、体重及数量、诊断结果或用药目的、用药的名称(商品名和通用名)、规格、剂量、给药途径、疗程,药物的生产企业、产品的批准文号、生产日期、批号等。使用兽药的单位或个人均应建立用药记录档案,并保存 3 年(含 3 年)以上。

6.2 使用者和兽医应执行兽药标签和说明书中规定的兽药休药期,并向购买者或屠宰者提供准确、真实的用药记录;应记录在休药期内生产的奶、蛋、蜂蜜等农产品的处理方式。

7 兽药不良反应报告

使用者和兽医使用兽药,应对兽药的疗效、不良反应做观察、记录;动物发生死亡时,应请专业兽医进行剖检,分析是药物原因或疾病原因。发现可能与兽药使用有关的严重不良反应时,应当立即向所在地人民政府兽医行政管理部门报告。

附　录　A

（规范性附录）

《兽药产品说明书》中储藏项下名词术语

储藏项下的规定,系为避免污染和降解而对兽药储存与保管的基本要求,以下列名词术语表示:

a）　遮光:指用不透光的容器包装,如棕色容器或黑纸包裹的无色透明、半透明容器;

b）　避光:指避免日光直射;

c）　密闭:指将容器密闭,以防止尘土及异物进入;

d）　密封:指将容器密封以防止风化、吸潮、挥发或异物进入;

e）　熔封或严封:指将容器熔封或用适宜的材料严封,以防止空气与水分的侵入并防止污染;

f）　阴凉处:指不超过 20℃;

g）　凉暗处:指避光并不超过 20℃;

h）　冷处:指 2℃～10℃;

i）　常温:指 10℃～30℃。

除另有规定外,储藏项下未规定温度的一般系指常温。

附 录 B

（规范性附录）

兽用处方药品种目录（第一批）

B.1 抗微生物药

B.1.1 抗生素类

B.1.1.1 β-内酰胺类

注射用青霉素钠、注射用青霉素钾、氨苄西林混悬注射液、氨苄西林可溶性粉、注射用氨苄西林钠、注射用氯唑西林钠、阿莫西林注射液、注射用阿莫西林钠、阿莫西林片、阿莫西林可溶性粉、阿莫西林克拉维酸钾注射液、阿莫西林硫酸黏菌素注射液、注射用苯唑西林钠、注射用普鲁卡因青霉素、普鲁卡因青霉素注射液、注射用苄星青霉素。

B.1.1.2 头孢菌素类

注射用头孢噻呋、盐酸头孢噻呋注射液、注射用头孢噻呋钠、头孢氨苄注射液、硫酸头孢喹肟注射液。

B.1.1.3 氨基糖苷类

注射用硫酸链霉素、注射用硫酸双氢链霉素、硫酸双氢链霉素注射液、硫酸卡那霉素注射液、注射用硫酸卡那霉素、硫酸庆大霉素注射液、硫酸安普霉素注射液、硫酸安普霉素可溶性粉、硫酸安普霉素预混剂、硫酸新霉素溶液、硫酸新霉素粉（水产用）、硫酸新霉素预混剂、硫酸新霉素可溶性粉、盐酸大观霉素可溶性粉、盐酸大观霉素盐酸林可霉素可溶性粉。

B.1.1.4 四环素类

土霉素注射液、长效土霉素注射液、盐酸土霉素注射液、注射用盐酸土霉素、长效盐酸土霉素注射液、四环素片、注射用盐酸四环素、盐酸多西环素粉（水产用）、盐酸多西环素可溶性粉、盐酸多西环素片、盐酸多西环素注射液。

B.1.1.5 大环内酯类

红霉素片、注射用乳糖酸红霉素、硫氰酸红霉素可溶性粉、泰乐菌素注射液、注射用酒石酸泰乐菌素、酒石酸泰乐菌素可溶性粉、酒石酸泰乐菌素磺胺二甲嘧啶可溶性粉、磷酸泰乐菌素磺胺二甲嘧啶预混剂、替米考星注射液、替米考星可溶性粉、替米考星预混剂、替米考星溶液、磷酸替米考星预混剂、酒石酸吉他霉素可溶性粉。

B.1.1.6 酰胺醇类

氟苯尼考粉、氟苯尼考粉（水产用）、氟苯尼考注射液、氟苯尼考可溶性粉、氟苯尼考预混剂、氟苯尼考预混剂（50%）、甲砜霉素注射液、甲砜霉素粉、甲砜霉素粉（水产用）、甲砜霉素可溶性粉、甲砜霉素片、甲砜霉素颗粒。

B.1.1.7 林可胺类

盐酸林可霉素注射液、盐酸林可霉素片、盐酸林可霉素可溶性粉、盐酸林可霉素预混剂、盐酸林可霉素硫酸大观霉素预混剂。

B.1.1.8 其他

延胡索酸泰妙菌素可溶性粉。

B.1.2 合成抗菌药

B.1.2.1 磺胺类药

复方磺胺嘧啶预混剂、复方磺胺嘧啶粉（水产用）、磺胺对甲氧嘧啶二甲氧苄啶预混剂、复方磺胺对甲氧嘧啶粉、磺胺间甲氧嘧啶、磺胺间甲氧嘧啶预混剂、复方磺胺间甲氧嘧啶可溶性粉、复方磺胺间甲氧嘧啶预混剂、磺胺间甲氧嘧啶钠粉（水产用）、磺胺间甲氧嘧啶钠可溶性粉、复方磺胺间甲氧嘧啶钠粉、复方磺胺间甲氧嘧啶钠可溶性粉、复方磺胺二甲嘧啶粉（水产用）、复方磺胺二甲嘧啶可溶性粉、复方磺胺甲噁唑粉、复方磺胺甲噁唑粉（水产用）、复方磺胺氯达嗪钠粉、磺胺氯吡嗪钠可溶性粉、复方磺胺氯吡嗪钠预混剂、磺胺喹噁啉二甲氧苄啶预混剂、磺胺喹噁啉钠可溶性粉。

B.1.2.2 喹诺酮类药

恩诺沙星注射液、恩诺沙星粉（水产用）、恩诺沙星片、恩诺沙星溶液、恩诺沙星可溶性粉、恩诺沙星混悬液、盐酸恩诺沙星可溶性粉、乳酸环丙沙星可溶性粉、乳酸环丙沙星注射液、盐酸环丙沙星注射液、盐酸环丙沙星可溶性粉、盐酸环丙沙星盐酸小檗碱预混剂、维生素C磷酸酯镁盐酸环丙沙星预混剂、盐酸沙拉沙星注射液、盐酸沙拉沙星片、盐酸沙拉沙星可溶性粉、盐酸沙拉沙星溶液、甲磺酸达氟沙星注射液、甲磺酸达氟沙星溶液、甲磺酸达氟沙星粉、盐酸二氟沙星片、盐酸二氟沙星注射液、盐酸二氟沙星粉、盐酸二氟沙星溶液、噁喹酸散、噁喹酸混悬液、噁喹酸溶液、氟甲喹可溶性粉、氟甲喹粉。

B.1.2.3 其他

乙酰甲喹片、乙酰甲喹注射液。

B.2 抗寄生虫药

B.2.1 抗蠕虫药

阿苯达唑硝氯酚片、甲苯咪唑溶液（水产用）、硝氯酚伊维菌素片、阿维菌素注射液、碘硝酚注射液、精制敌百虫片、精制敌百虫粉（水产用）。

B.2.2 抗原虫药

注射用三氮脒、注射用喹嘧胺、盐酸吖啶黄注射液、甲硝唑片、地美硝唑预混剂。

B.2.3 杀虫药

辛硫磷溶液（水产用）、氯氰菊酯溶液（水产用）、溴氰菊酯溶液（水产用）。

B.3 中枢神经系统药物

B.3.1 中枢兴奋药

安钠咖注射液、尼可刹米注射液、樟脑磺酸钠注射液、硝酸士的宁注射液、盐酸苯噁唑注射液。

B.3.2 镇静药与抗惊厥药

盐酸氯丙嗪片、盐酸氯丙嗪注射液、地西泮片、地西泮注射液、苯巴比妥片、注射用苯巴比妥钠。

B.3.3 麻醉性镇痛药

盐酸吗啡注射液、盐酸哌替啶注射液。

B.3.4 全身麻醉药与化学保定药

注射用硫喷妥钠、注射用异戊巴比妥钠、盐酸氯胺酮注射液、复方氯胺酮注射液、盐酸赛拉嗪注射液、盐酸赛拉唑注射液、氯化琥珀胆碱注射液。

B.4 外周神经系统药物

B.4.1 拟胆碱药

氯化氨甲酰甲胆碱注射液、甲硫酸新斯的明注射液。

B.4.2 抗胆碱药

硫酸阿托品片、硫酸阿托品注射液、氢溴酸东莨菪碱注射液。

B.4.3 拟肾上腺素药

重酒石酸去甲肾上腺素注射液、盐酸肾上腺素注射液。

B.4.4 局部麻醉药

盐酸普鲁卡因注射液、盐酸利多卡因注射液。

B.5 抗炎药

氢化可的松注射液、醋酸可的松注射液、醋酸氢化可的松注射液、醋酸泼尼松片、地塞米松磷酸钠注射液、醋酸地塞米松片、倍他米松片。

B.6 泌尿生殖系统药物

丙酸睾酮注射液、苯丙酸诺龙注射液、苯甲酸雌二醇注射液、黄体酮注射液、注射用促黄体素释放激素 A_2、注射用促黄体素释放激素 A_3、注射用复方鲑鱼促性腺激素释放激素类似物、注射用复方绒促性素 A 型、注射用复方绒促性素 B 型。

B.7 抗过敏药

盐酸苯海拉明注射液、盐酸异丙嗪注射液、马来酸氯苯那敏注射液。

B.8 局部用药物

注射用氯唑西林钠、头孢氨苄乳剂、苄星氯唑西林注射液、氯唑西林钠氨苄西林钠乳剂（泌乳期）、氨苄西林钠氯唑西林钠乳房注入剂（泌乳期）、盐酸林可霉素硫酸新霉素乳房注入剂（泌乳期）、盐酸林可霉素乳房注入剂（泌乳期）、盐酸吡利霉素乳房注入剂（泌乳期）。

B.9 解毒药

B.9.1 金属络合剂
二巯丙醇注射液、二巯丙磺钠注射液。

B.9.2 胆碱酯酶复活剂
碘解磷定注射液。

B.9.3 高铁血红蛋白还原剂
亚甲蓝注射液。

B.9.4 氰化物解毒剂
亚硝酸钠注射液。

B.9.5 其他解毒剂
乙酰胺注射液。

注：引自中华人民共和国农业部公告第 1997 号。本标准执行期间，农业部批准的处方药新品种，按照处方药使用。

附 录 C

（规范性附录）

《乡村兽医基本用药目录》中处方药有关品种目录

C.1 抗微生物药

C.1.1 抗生素类

C.1.1.1 β-内酰胺类

注射用青霉素钠、注射用青霉素钾、氨苄西林混悬注射液、氨苄西林可溶性粉、注射用氨苄西林钠、注射用氯唑西林钠、阿莫西林注射液、注射用阿莫西林钠、阿莫西林片、阿莫西林可溶性粉、阿莫西林克拉维酸钾注射液、阿莫西林硫酸黏菌素注射液、注射用苯唑西林钠、注射用普鲁卡因青霉素、普鲁卡因青霉素注射液、注射用苄星青霉素。

C.1.1.2 头孢菌素类

注射用头孢噻呋、盐酸头孢噻呋注射液、注射用头孢噻呋钠。

C.1.1.3 氨基糖苷类

注射用硫酸链霉素、注射用硫酸双氢链霉素、硫酸双氢链霉素注射液、硫酸卡那霉素注射液、注射用硫酸卡那霉素、硫酸庆大霉素注射液、硫酸安普霉素注射液、硫酸安普霉素可溶性粉、硫酸新霉素溶液、硫酸新霉素粉（水产用）、硫酸新霉素可溶性粉、盐酸大观霉素可溶性粉、盐酸大观霉素盐酸林可霉素可溶性粉。

C.1.1.4 四环素类

土霉素注射液、盐酸土霉素注射液、注射用盐酸土霉素、四环素片、注射用盐酸四环素、盐酸多西环素粉（水产用）、盐酸多西环素可溶性粉、盐酸多西环素片、盐酸多西环素注射液。

C.1.1.5 大环内酯类

红霉素片、注射用乳糖酸红霉素、硫氰酸红霉素可溶性粉、泰乐菌素注射液、注射用酒石酸泰乐菌素、酒石酸泰乐菌素可溶性粉、酒石酸泰乐菌素磺胺二甲嘧啶可溶性粉、替米考星注射液、替米考星可溶性粉、替米考星溶液、酒石酸吉他霉素可溶性粉。

C.1.1.6 酰胺醇类

氟苯尼考粉、氟苯尼考粉（水产用）、氟苯尼考注射液、氟苯尼考可溶性粉、甲砜霉素注射液、甲砜霉素粉、甲砜霉素粉（水产用）、甲砜霉素可溶性粉、甲砜霉素片、甲砜霉素颗粒。

C.1.1.7 林可胺类

盐酸林可霉素注射液、盐酸林可霉素片、盐酸林可霉素可溶性粉。

C.1.1.8 其他

延胡索酸泰妙菌素可溶性粉。

C.1.2 合成抗菌药

C.1.2.1 磺胺类药

复方磺胺嘧啶粉（水产用）、复方磺胺对甲氧嘧啶粉、磺胺间甲氧嘧啶粉、复方磺胺间甲氧嘧啶可溶性粉、磺胺间甲氧嘧啶钠粉（水产用）、磺胺间甲氧嘧啶钠可溶性粉、复方磺胺间甲氧嘧啶钠粉、复方磺胺间甲氧嘧啶钠可溶性粉、复方磺胺二甲嘧啶粉（水产用）、复方磺胺二甲嘧啶可溶性粉、复方磺胺氯达嗪钠粉、磺胺氯吡嗪钠可溶性粉、磺胺喹噁啉钠可溶性粉。

C.1.2.2 喹诺酮类药

恩诺沙星注射液、恩诺沙星粉（水产用）、恩诺沙星片、恩诺沙星溶液、恩诺沙星可溶性粉、恩诺沙星混悬液、盐酸恩诺沙星可溶性粉、盐酸沙拉沙星注射液、盐酸沙拉沙星片、盐酸沙拉沙星可溶性粉、盐酸沙拉沙星溶液、甲磺酸达氟沙星注射液、甲磺酸达氟沙星溶液、甲磺酸达氟沙星粉、盐酸二氟沙星片、盐酸二氟沙星注射液、盐酸二氟沙星粉、盐酸二氟沙星溶液、噁喹酸散、噁喹酸混悬液、噁喹酸溶液、氟甲喹可溶性粉、氟甲喹粉。

C.1.2.3 其他

乙酰甲喹片、乙酰甲喹注射液。

C.2 抗寄生虫药

C.2.1 抗蠕虫药

阿苯达唑硝氯酚片、甲苯咪唑溶液（水产用）、硝氯酚伊维菌素片、阿维菌素注射液、碘硝酚注射液、精制敌百虫片、精制敌百虫粉（水产用）。

C.2.2 抗原虫药

注射用三氮脒、注射用喹嘧胺、盐酸吖啶黄注射液、甲硝唑片。

C.2.3 杀虫药

辛硫磷溶液（水产用）。

C.3 中枢神经系统药物

C.3.1 中枢兴奋药

尼可刹米注射液、樟脑磺酸钠注射液、盐酸苯噁唑注射液。

C.3.2 全身麻醉药与化学保定药

注射用硫喷妥钠、注射用异戊巴比妥钠。

C.4 外周神经系统药物

C.4.1 拟胆碱药

氯化氨甲酰甲胆碱注射液、甲硫酸新斯的明注射液。

C.4.2 抗胆碱药

硫酸阿托品片、硫酸阿托品注射液、氢溴酸东莨菪碱注射液。

C.4.3 拟肾上腺素药

重酒石酸去甲肾上腺素注射液、盐酸肾上腺素注射液。

C.4.4 局部麻醉药

盐酸普鲁卡因注射液、盐酸利多卡因注射液。

C.5 抗炎药

氢化可的松注射液、醋酸可的松注射液、醋酸氢化可的松注射液、醋酸泼尼松片、地塞米松磷酸钠注射液、醋酸地赛塞米松片、倍他米松片。

C.6 生殖系统药物

黄体酮注射液、注射用促黄体素释放激素 A_2、注射用促黄体素释放激素 A_3、注射用复方鲑鱼促性腺激素释放激素类似物、注射用复方绒促性素 A 型、注射用复方绒促性素 B 型。

C.7 抗过敏药

盐酸苯海拉明注射液、盐酸异丙嗪注射液、马来酸氯苯那敏注射液。

C.8 局部用药物

苄星氯唑西林注射液、氨苄西林钠氯唑西林钠乳房注入剂(泌乳期)、盐酸林可霉素硫酸新霉素乳房注入剂(泌乳期)、盐酸林可霉素乳房注入剂(泌乳期)、盐酸吡利霉素乳房注入剂(泌乳期)。

C.9 解毒药

C.9.1 金属络合剂

二巯丙醇注射液、二巯丙磺钠注射液。

C.9.2 胆碱酯酶复活剂

碘解磷定注射液。

C.9.3 高铁血红蛋白还原剂

亚甲蓝注射液。

C.9.4 氰化物解毒剂

亚硝酸钠注射液。

C.9.5 其他解毒剂

乙酰胺注射液。

注:引自中华人民共和国农业部公告第2069号。

附 录 D

（规范性附录）

国家有关禁用兽药、不得使用的药物及限用兽药的规定

D.1 食品动物禁用、在动物性食品中不得检出的兽药及其他化合物清单

见表 D.1。

表 D.1 食品动物禁用、在动物性食品中不得检出的兽药及其他化合物清单

序号	兽药及其他化合物名称	禁止用途	禁用动物	靶组织
1	β-兴奋剂类：克仑特罗、沙丁胺醇、西马特罗及其盐、酯及制剂	所有用途	所有食品动物	所有可食组织
2	雌激素类：己烯雌酚及其盐、酯及制剂	所有用途	所有食品动物	所有可食组织
3	具有雌激素样作用的物质：玉米赤霉醇、去甲雄三烯醇酮、醋酸甲孕酮及制剂	所有用途	所有食品动物	所有可食组织
4	雄激素类：甲基睾丸酮、丙酸睾酮、苯丙酸诺龙、苯甲酸雌二醇、群勃龙及其盐、酯及制剂	促生长	所有食品动物	所有可食组织
5	氯霉素及其盐、酯（包括琥珀氯霉素）及制剂	所有用途	所有食品动物	所有可食组织
6	氨苯砜及制剂	所有用途	所有食品动物	所有可食组织
7	硝基呋喃类：呋喃唑酮、呋喃它酮、呋喃苯烯酸钠、呋喃西林、呋喃妥因及制剂	所有用途	所有食品动物	所有可食组织
8	硝基化合物：硝基酚钠、硝呋烯腙及制剂	所有用途	所有食品动物	所有可食组织
9	硝基咪唑类：甲硝唑、地美硝唑、洛硝达唑、替硝唑及其盐、酯及制剂	促生长	所有食品动物	所有可食组织
10	催眠、镇静类：安眠酮及制剂	所有用途	所有食品动物	所有可食组织
10	催眠、镇静类：氯丙嗪、地西泮（安定）及其盐、酯及制剂	促生长	所有食品动物	所有可食组织
11	林丹（丙体六六六）	杀虫剂	所有食品动物	所有可食组织
12	毒杀芬（氯化烯）	杀虫剂	所有食品动物	所有可食组织
13	呋喃丹（克百威）	杀虫剂	所有食品动物	所有可食组织
14	杀虫脒（克死螨）	杀虫剂	所有食品动物	所有可食组织
15	酒石酸锑钾	杀虫剂	所有食品动物	所有可食组织
16	锥虫胂胺	杀虫剂	所有食品动物	所有可食组织
17	孔雀石绿	抗菌、杀虫剂	所有食品动物	所有可食组织
18	五氯酚酸钠	杀螺剂	所有食品动物	所有可食组织
19	各种汞制剂，包括氯化亚汞（甘汞）、硝酸亚汞、醋酸汞、吡啶基醋酸汞	杀虫剂	所有食品动物	所有可食组织
20	万古霉素及其盐、酯及制剂	所有用途	所有食品动物	所有可食组织
21	卡巴氧及其盐、酯及制剂	所有用途	所有食品动物	所有可食组织
注：引自中华人民共和国农业部公告第 193 号、第 235 号、第 560 号。本标准执行期间，农业部如发布新的《食品动物禁用的兽药及其他化合物清单》，执行新的《食品动物禁用的兽药及其他化合物清单》。				

D.2 禁止在饲料和动物饮用水中使用的药物品种及其他物质目录

见表 D.2。

表 D.2 禁止在饲料和动物饮用水中使用的药物品种及其他物质目录

序号	药物名称
1	β-兴奋剂类：盐酸克仑特罗、沙丁胺醇、硫酸沙丁胺醇、莱克多巴胺、盐酸多巴胺、西马特罗、硫酸特布他林、苯乙醇胺 A、班布特罗、盐酸齐帕特罗、盐酸氯丙那林、马布特罗、西布特罗、溴布特罗、酒石酸阿福特罗、富马酸福莫特罗
2	雌激素类：己烯雌酚、雌二醇、戊酸雌二醇、苯甲酸雌二醇、氯烯雌醚
3	雄激素类：苯丙酸诺龙及苯丙酸诺龙注射液
4	孕激素类：醋酸氯地孕酮、左炔诺孕酮、炔诺酮、炔诺醇、炔诺醚
5	促性腺激素：绒毛膜促性腺激素（绒促性素）、促卵泡生长激素（尿促性素，主要含卵泡刺激 FSHT 和黄体生成素 LH）
6	蛋白同化激素类：碘化酪蛋白
7	降血压药：利血平、盐酸可乐定
8	抗过敏药：盐酸赛庚啶
9	催眠、镇静及精神药品类：（盐酸）氯丙嗪、盐酸异丙嗪、安定（地西泮）、硝西泮、奥沙西泮、苯巴比妥、苯巴比妥钠、巴比妥、异戊巴比妥、异戊巴比妥钠、唑吡旦、三唑仑、咪达唑仑、艾司唑仑、甲丙氨脂、匹莫林以及其他国家管制的精神药品
10	抗生素滤渣
注：引自中华人民共和国农业部公告第 176 号、第 1519 号。本标准执行期间，农业部如发布新的《禁止在饲料和动物饮水中使用的物质》，执行新的《禁止在饲料和动物饮水中使用的物质》。	

D.3 不得使用的药物品种目录

见表 D.3。

表 D.3 不得使用的药物品种目录

序号	类别	名称/组方
1	抗病毒药	金刚烷胺、金刚乙胺、阿昔洛韦、吗啉（双）胍（病毒灵）、利巴韦林等及其盐、酯及单、复方制剂
2	抗生素	头孢哌酮、头孢噻肟、头孢曲松（头孢三嗪）、头孢噻吩、头孢拉啶、头孢唑啉、头孢噻啶、罗红霉素、克拉霉素、阿奇霉素、磷霉素、硫酸奈替米星（netilmicin）、克林霉素（氯林可霉素、氯洁霉素）、妥布霉素、胍哌甲基四环素、盐酸甲烯土霉素（美他环素）、两性霉素、利福霉素等及其盐、酯及单、复方制剂
3	合成抗菌药	氟罗沙星、司帕沙星、甲替沙星、洛美沙星、培氟沙星、氧氟沙星、诺氟沙星等及其盐、酯及单、复方制剂
4	农药	井冈霉素、浏阳霉素、赤霉素及其盐、酯及单、复方制剂
5	解热镇痛类等其他药物	双嘧达莫（dipyridamole）、聚肌胞、氟胞嘧啶、代森铵、磷酸伯氨喹、磷酸氯喹、异噻唑啉酮、盐酸地酚诺酯、盐酸溴己新、西咪替丁、盐酸甲氧氯普胺、甲氧氯普胺（盐酸胃复安）、比沙可啶（bisacodyl）、二羟丙茶碱、白细胞介素-2、别嘌醇、多抗甲素（α-甘露聚糖肽）等及其盐、酯及制剂
6	复方制剂	1. 注射用的抗生素与安乃近、氟喹诺酮类等化学合成药物的复方制剂 2. 镇静类药物与解热镇痛药等治疗药物组成的复方制剂

D.4 允许做治疗用但不得在动物性食品中检出的药物

见表 D.4。

表 D.4 允许做治疗用但不得在动物性食品中检出的药物

序号	药物名称	动物种类	动物组织
1	氯丙嗪	所有食品动物	所有可食组织
2	地西泮（安定）	所有食品动物	所有可食组织
3	地美硝唑	所有食品动物	所有可食组织
4	苯甲酸雌二醇	所有食品动物	所有可食组织
5	潮霉素 B	猪/鸡	可食组织
		鸡	蛋
6	甲硝唑	所有食品动物	所有可食组织
7	苯丙酸诺龙	所有食品动物	所有可食组织
8	丙酸睾酮	所有食品动物	所有可食组织
9	塞拉嗪	产奶动物	奶

ICS 65.120
B 43

中华人民共和国农业行业标准

NY 5032—2006
代替 NY 5042—2001、NY 5032—2001、NY 5037—2001、NY 5048—2001、
NY 5127—2002、NY 5132—2002、NY 5150—2002

无公害食品 畜禽饲料和饲料 添加剂使用准则

2006-01-26 发布 　　　　　　　　　　　　2006-04-01 实施

中华人民共和国农业部 发布

前　言

本标准颁布实施后,代替 NY 5042—2001《无公害食品　蛋鸡饲养饲料使用准则》、NY 5032—2001《无公害食品　生猪饲养饲料使用准则》、NY 5037—2001《无公害食品　肉鸡饲养饲料使用准则》、NY 5048—2001《无公害食品　奶牛饲养饲料使用准则》、NY 5127—2002《无公害食品　肉牛饲养饲料使用准则》、NY 5132—2002《无公害食品　肉兔饲养饲料使用准则》和 NY 5150—2002《无公害食品　肉羊饲养饲料使用准则》。

本标准由中华人民共和国农业部提出并归口。

本标准起草单位:中国农业科学院饲料研究所、农业部农产品质量安全中心。

本标准主要起草人:刁其玉、屠焰、金发忠、杨曙明、樊红平、张乃锋、刘建华、王吉峰、姜成钢。

无公害食品 畜禽饲料和饲料添加剂使用准则

1 范围

本标准规定了生产无公害畜禽产品所需的各种饲料的使用技术要求，及加工过程、标签、包装、贮存、运输、检验的规则。

本标准适用于生产无公害畜禽产品所需的单一饲料、饲料添加剂、药物饲料添加剂、配合饲料、浓缩饲料和添加剂预混合饲料。

2 规范性引用文件

下列文件中的条款通过本标准的引用而成为本标准的条款。凡是注日期的引用文件，其随后所有的修改单（不包括勘误的内容）或修订版均不适用于本标准，然而，鼓励根据本标准达成协议的各方研究是否可使用这些文件的最新版本。凡是不注日期的引用文件，其最新版本适用于本标准。

GB/T 10647 饲料工业通用术语

GB 10648 饲料标签

GB 13078 饲料卫生标准

GB/T 16764 配合饲料企业卫生规范

饲料添加剂品种目录（中华人民共和国农业部公告第 318 号）

饲料药物添加剂使用规范（中华人民共和国农业部公告第 168 号）

饲料和饲料添加剂管理条例（中华人民共和国国务院令 327 号）

3 术语和定义

下列术语和定义、以及 GB/T 10647 的规定适用于本标准。

不期望物质 Unwanted substances

污染物和其他出现在用于饲养动物的产品中的外来物质，它们的存在对人类健康，包括与动物性食品安全相关的动物健康构成威胁。包括病原微生物、霉菌毒素、农药及杀虫剂残留、工业和环境污染产生的有害污染物等。

4 要求

4.1 总则

4.1.1 感官要求

4.1.1.1 具有该饲料应有的色泽、嗅、味及组织形态特征，质地均匀。

4.1.1.2 无发霉、变质、结块、虫蛀及异味、异嗅、异物。

4.1.2 饲料和饲料添加剂的生产、使用，应是安全、有效、不污染环境的产品。

4.1.3 符合单一饲料、饲料添加剂、配合饲料、浓缩饲料和添加剂预混合产品的饲料质量标准规定。

4.1.4 饲料和饲料添加剂应在稳定的条件下取得或保存，确保饲料和饲料添加剂在生产加工、贮存和运输过程中免受害虫、化学、物理、微生物或其他不期望物质的污染。

4.1.5 所有饲料和饲料添加剂的卫生指标应符合 GB 13078 的规定。

4.2 单一饲料

4.2.1 对单一饲料的监督可包括检查和抽样，及基于合同风险协定规定的污染物和其他不期望物质的分析。

4.2.2 进口的单一饲料应取得国务院农业行政主管部门颁发的有效期内进口产品登记证。

4.2.3 单一饲料中加入饲料添加剂时，应注明饲料添加剂的品种和含量。

4.2.4 制药工业副产品不应用于畜禽饲料中。

4.2.5 除乳制品外，哺乳动物源性饲料不得用作反刍动物饲料。

4.2.6 饲料如经发酵处理，所使用的微生物制剂应是《饲料添加剂品种目录》中所规定的微生物品种和经国务院农业行政主管部门批准的新饲料添加剂品种。

4.3 饲料添加剂

4.3.1 营养性饲料添加剂和一般饲料添加剂产品应是《饲料添加剂品种目录》所规定的品种，或取得国务院农业行政主管部门颁发的有效期内饲料添加剂进口登记证的产品，亦或是国务院农业行政主管部门批准的新饲料添加剂品种。

4.3.2 国产饲料添加剂产品应是由取得饲料添加剂生产许可证的企业生产，并具有产品批准文号或中试生产产品批准文号。

4.3.3 饲料添加剂产品的使用应遵照产品标签所规定的用法、用量使用。

4.3.4 接收、处理和贮存应保持安全有序，防止误用和交叉污染。

4.4 药物饲料添加剂

4.4.1 药物饲料添加剂的使用应遵守《饲料药物添加剂使用规范》，并应注明使用的添加剂名称及用量。

4.4.2 接收、处理和贮存应保持安全有序，防止误用和交叉污染。

4.4.3 使用药物饲料添加剂应严格执行休药期规定。

4.5 配合饲料、浓缩饲料和添加剂预混合饲料

4.5.1 产品成分分析保证值应符合所执行标准的规定。

4.5.2 使用药物饲料添加剂时，应符合《饲料药物添加剂使用规范》，并应注明使用的添加剂名称及用量。

4.5.3 使用时，应遵照产品饲料标签所规定的用法、用量使用。

4.6 饲料加工过程

4.6.1 饲料企业的工厂设计与设施卫生、工厂卫生管理和生产过程的卫生应符合 GB/T 16764 的要求。

4.6.2 单一饲料和饲料添加剂的采购和使用

4.6.2.1 应符合 4.1 和 4.2 的要求，否则不得接收和使用。

4.6.2.2 使用的饲料添加剂应符合 4.1 和 4.3、4.4 的规定，否则不得接收和使用。

4.6.3 饲料配方

4.6.3.1 饲料配方遵循安全、有效、不污染环境的原则。

4.6.3.2 饲料配方的营养指标应达到该产品所执行标准中的规定。

4.6.3.3 饲料配方应由饲料企业专职人员负责制定、核查，并标注日期，签字认可，以确保其正确性和有效性。

4.6.3.4 应保存每批饲料生产配方的原件和配料清单。

4.6.4 配料过程

4.6.4.1 饲料加工过程使用的所有计量器具和仪表，应进行定期检验、校准和正常维护，以保证精确度和稳定性，其误差应在规定范围内。

4.6.4.2 微量和极微量组分应进行预稀释,并用专用设备在专门的配料室内进行。应有详实的记录,以备追溯。

4.6.4.3 配料室应有专人管理,保持卫生整洁。

4.6.5 混合

4.6.5.1 混合工序投料应按先投入占比例大的原料,依次投入用量少的原料和添加剂。

4.6.5.2 混合时间,根据混合机性能确定,混合均匀度符合标准的规定。

4.6.5.3 生产含有药物饲料添加剂的饲料时,应根据药物类型,先生产药物含量低的饲料,再依次生产药物含量高的饲料。

4.6.5.4 同一班次应先生产不添加药物饲料添加剂的饲料,然后生产添加药物饲料添加剂的饲料。为防止加入药物饲料添加剂的饲料产品生产过程中的交叉污染,在生产加入不同药物添加剂的饲料产品时,对所用的生产设备、工具、容器等应进行彻底清理。

4.6.5.5 用于清洗生产设备、工具、容器的物料应单独存放和标示,或者报废,或者回放到下一次同品种的饲料中。

4.6.6 制粒

4.6.6.1 制粒过程的温度、蒸汽压力严格控制,应符合要求;充分冷却,以防止水分高而引起饲料发霉变质。

4.6.6.2 更换品种时,应清洗制粒系统。可用少量单一谷物原料清洗,如清洗含有药物饲料添加剂的颗粒饲料,所用谷物的处理同 4.6.5.5。

4.6.7 留样

4.6.7.1 新进厂的单一饲料、饲料添加剂应保留样品,其留样标签应注明准确的名称、来源、产地、形状、接收日期、接收人等有关信息,保持可追溯性。

4.6.7.2 加工生产的各个批次的饲料产品均应留样保存,其留样标签应注明饲料产品品种、生产日期、批次、样品采集人。留样应装入密闭容器内,贮存于阴凉、干燥的样品室,保留至该批产品保质期满后 3 个月。

4.6.8 记录

4.6.8.1 生产企业应建立生产记录制度。

4.6.8.2 生产记录包括单一饲料原料接收、饲料加工过程和产品去向等全部详细信息,便于饲料产品的追溯。

5 检验规则

5.1 感官指标通过感官检验方法鉴别,有的指标可通过显微镜检验方法进行。感官要求应符合本标准 4.1.1 的规定。

5.2 饲料中的卫生指标应按 GB 13078 规定的参数和试验方法执行。

5.3 按饲料和饲料添加剂产品质量标准中检验规则规定的感官要求、营养指标及必检的卫生指标为出厂检验项目,由生产企业质检部门进行检验。标准中规定的全部指标为型式检验项目。

6 判定指标

6.1 营养指标、卫生指标、限用药物、禁用药物为判定合格指标。

6.2 饲料中所检的各项指标应符合所执行标准中的要求。

6.3 检验结果中如卫生指标、限用药物、禁用药物指标不符合本标准要求时,则整批产品为不合格,不得复检。营养指标不合格,应自两倍量的包装中重新采样复验。复验结果有一项指标不符合相应标准的要求时,则整批产品为不合格。

7 标签、包装、贮存和运输

7.1 标签

商品饲料应在包装物上附有饲料标签,标签应符合 GB 10648 中的有关规定。

7.2 包装

7.2.1 饲料包装应完整,无漏洞,无污染和异味。

7.2.2 包装材料应符合 GB/T 16764 的要求。

7.2.3 包装印刷油墨无毒,不应向内容物渗漏。

7.2.4 包装物的重复使用应遵守《饲料和饲料添加剂管理条例》的有关规定。

7.3 贮存

7.3.1 饲料的贮存应符合 GB/T 16764 的要求。

7.3.2 不合格和变质饲料应做无害化处理,不应存放在饲料贮存场所内。

7.3.3 饲料贮存场地不应使用化学灭鼠药和杀鸟剂。

7.4 运输

7.4.1 运输工具应符合 GB/T 16764 的要求。

7.4.2 运输作业应防止污染,保持包装的完整性。

7.4.3 不应使用运输畜禽等动物的车辆运输饲料产品。

7.4.4 饲料运输工具和装卸场地应定期清洗和消毒。

第三部分

生产过程质量安全控制规范标准

ICS 65.020.01
B 04

中华人民共和国农业行业标准

NY/T 2798.1—2015

无公害农产品
生产质量安全控制技术规范
第1部分:通则

2015-05-21 发布

2015-08-01 实施

中华人民共和国农业部 发布

前　言

NY/T 2798《无公害农产品　生产质量安全控制技术规范》为系列标准：
——第 1 部分:通则;
——第 2 部分:大田作物产品;
——第 3 部分:蔬菜;
——第 4 部分:水果;
——第 5 部分:食用菌;
——第 6 部分:茶叶;
——第 7 部分:家畜;
——第 8 部分:肉禽;
——第 9 部分:生鲜乳;
——第 10 部分:蜂产品;
——第 11 部分:鲜禽蛋;
——第 12 部分:畜禽屠宰;
——第 13 部分:养殖水产品。
本部分为 NY/T 2798 的第 1 部分。
本部分按照 GB/T 1.1—2009 给出的规则起草。
本部分由中华人民共和国农业部提出并归口。
本部分起草单位:农业部农产品质量安全中心、广东省农业科学院农产品公共监测中心、中国农业
科学院农业质量标准与检测技术研究所。
本部分主要起草人:朱彧、廖超子、万靓军、丁保华、李庆江、王敏、王富华、袁广义、刘巧荣、刘彬、曲
志娜。

无公害农产品　生产质量安全控制技术规范
第1部分:通则

1　范围

本部分规定了无公害农产品主体的基本要求。

本部分适用于无公害农产品的生产、管理和认证。

2　规范性引用文件

下列文件对于本文件的应用是必不可少的。凡是注日期的引用文件,仅注日期的版本适用于本文件。凡是不注日期的引用文件,其最新版本(包括所有的修改单)适用于本文件。

GB/T 8321(所有部分)　农药合理使用准则

GB 14881　食品安全国家标准　食品生产通用卫生规范

GB/T 29372　食用农产品保鲜贮藏管理规范

NY/T 5295　无公害食品　产地环境评价准则

中华人民共和国农产品质量安全法

中华人民共和国动物防疫法

无公害农产品管理办法

农产品包装和标识管理办法

中华人民共和国农业部令2006年第67号　畜禽标识和养殖档案管理办法

中华人民共和国农业部令2014年第1号　饲料质量安全管理规范

中华人民共和国兽药典　兽药使用指南

3　术语和定义

下列术语和定义适用于本文件。

3.1

无公害农产品

产地环境、生产过程和产品质量符合国家有关标准和规范的要求,经认证合格获得认证证书并允许使用无公害农产品标志的未经加工或者初加工的食用农产品。

3.2

农产品生产记录

农产品生产者在生产过程中,对使用农业投入品、动物疫病、植物病、虫、草害的发生和防治,收获屠宰或者捕捞的日期等情况进行记录并存档的活动。

3.3

农业投入品

在农业生产过程中使用或添加的物质,包括农药、兽药、农作物种子、水产苗种、种畜禽、饲料和饲料添加剂、肥料、兽药器械、植保机械等农用生产资料产品。

3.4

内检员

经培训合格取得农业部农产品质量安全中心颁发的无公害农产品内检员证书,并在无公害农产品生产单位内负责无公害农产品标准化生产和质量安全管理的专业技术人员。

4 基本要求

序号	要素	要求	控制措施
4.1	主体资质	具备国家相关法律法规规定的资质条件，以及组织无公害农产品生产和承担责任追溯的能力	a) 申请主体应是经工商注册登记的农产品生产企业、农民专业经济合作组织或家庭农场，生产经营范围涵盖所申请的事项；畜禽屠宰企业还应取得当地行政主管部门许可的畜禽定点屠宰证书或生猪定点屠宰证书、动物防疫条件合格证、排污许可证等 b) 应有稳定的生产基地，或租期（承包期）在5年以上。生产规模应符合省级无公害农产品工作机构规定或产地认定标准的相关要求 c) 申请前3年内无质量安全事故和不良诚信记录
4.2	生产管理人员	有专业的生产和质量管理人员，至少有一名专职内检员负责农产品生产和质量安全管理	a) 有经培训合格的无公害农产品内检员，负责生产过程和产品质量安全管理工作 b) 关键岗位生产人员健康证齐全且有效（适用时）；初加工农产品从业人员健康要求应执行国家食品安全法律法规的相关规定 c) 应对生产管理人员进行质量安全生产管理与技术培训
4.3	管理制度及文件	具有组织无公害农产品生产和管理的技术制度体系	a) 应建立或收集从产地到储运全过程的无公害农产品生产质量安全控制技术规程和产品质量标准 b) 应收集并保存现行有效的农产品质量安全相关法律法规及有关标准文件 c) 应建立关键环节质量控制措施、人员培训制度、基地农户管理制度（适用时）、卫生防疫制度和消毒制度（畜牧业适用）、动植物病虫害监测制度、投入品管理制度以及产地环境保护措施等 d) 应建立质量安全责任制，明确关键岗位人员职责要求 e) 分户生产的，应建立农业投入品统一管理和产品统一销售制度 f) 涉及农户的农民专业经济合作组织，应有与合作农户签署的含有产品质量安全管理措施的合作协议和农户名册（包括农户名单、地址、种植或养殖规模） g) 应在种养殖区范围内合适位置明示国家禁用农兽药清单
4.4	产地环境	产地周边环境及产区条件符合无公害农产品产地环境相关标准要求	a) 产地应选择在生态条件良好，远离污染源，并具有可持续生产能力的农业生产区域 b) 产地环境条件应符合相关产品产地环境标准要求，并经有资质的产地环境检测机构检测评价合格 c) 产地环境条件发生变化并可能影响产品质量安全时，应及时按 NY/T 5295 的规定对产地环境条件进行再评价
4.5	生产记录档案	建立生产过程记录并归档管理	a) 应建立农产品生产记录、销售记录和人员培训记录。记录内容应完整、真实，记录档案至少保存2年。畜禽养殖应按照中华人民共和国农业部令2006年第67号的有关要求，保存养殖档案和防疫档案；商品猪、禽为2年，牛为20年，羊为10年 b) 应建立动植物病虫害监测报告档案和动物疫病免疫档案 c) 应详细记录农业投入品使用情况，内容至少应包括投入品名称、规格、防治对象、使用方式、时间、浓度、安全间隔期或休药期等 d) 鼓励采用先进技术手段（如电子计算机信息系统），进行记录和文件管理

（续）

序号	要素	要求	控制措施
4.6	农业投入品管理	农业投入品选购、贮存符合国家相关规定	a) 不应购买、使用、贮存国家禁用的农业投入品 b) 应按 GB/T 8321（所有部分）和《中华人民共和国兽药典兽药使用指南》的相关规定分别选购农药和兽药 c) 应选购具有合格证明的农药、兽药、肥料及饲料等农业投入品，购买后应索取并保存购买凭证或发票 d) 农业投入品应有专门的存放场所，并能确保存放安全的相应设施，按产品标签规定的储存条件在专门的场所分类存放，宜采用物理隔离（墙、隔板等）的方式防止交叉污染。有醒目标记，由专人管理 e) 贮存场所应有良好照明条件，并保持干燥、通风、清洁，避免日光曝晒、雨淋 f) 变质和过期的投入品应做好标识，隔离禁用，并安全处置 g) 应建立农业投入品出入库记录，并保存 2 年
4.7	废弃物处置	废弃物和污染物按规定安全处置	a) 应设立废弃物存放区，对不同类型的废弃物分类存放并及时处置 b) 及时处理生产区域内的污水和垃圾等污染物，保持清洁 c) 应收集质量安全不合格产品、病死畜禽、粪便等污染物进行无害化处理，有条件的宜建立收集点集中安全处理
4.8	产品质量	产品质量符合食品安全国家标准和相关法律法规要求	a) 收获产品应严格执行农药安全间隔期、兽药休药期规定 b) 销售产品应承诺合格，并有产品自检记录、或监督抽检报告、或产品检验报告
4.9	包装标识	产品依法进行包装和标识	a) 包装材料应符合国家强制性技术规范要求。包装材料自身应安全无毒和无挥发性物质产生 b) 应对处理和储存农产品的设施和设备进行定期清洁和保养 c) 包装农产品应防止机械损伤和二次污染 d) 获证产品应按要求使用无公害农产品标志 e) 依法需要实施检疫的动植物及其产品，应附具检疫合格的标志、证明
4.10	产品贮运	有符合标准的产品贮藏与运输设备条件	a) 应有专门的产品贮藏场所，保持通风、清洁卫生、无异味，并注意防鼠、防潮，不应与农业投入品混放 b) 应建立和执行适当的仓储制度，发现异常应及时处理 c) 贮藏、运输和装卸农产品的容器、工器具和设备应安全、无害、清洁。应根据农产品的特点和卫生需要选择适宜的贮藏和运输条件，必要时应配备保温、冷藏、保鲜等设施。不能与有毒、有害、有异味的物品混装 d) 贮藏与运输使用的保鲜剂、防腐剂、添加剂等物质应符合国家强制性技术规范要求，并进行记录 e) 贮藏和运输过程中应避免日光直射、雨淋，并应避免过冷、过热等显著温湿度变化，装卸时应轻装、轻放，避免剧烈撞击等

ICS 65.020.01
B 20

中华人民共和国农业行业标准

NY/T 2798.2—2015

无公害农产品
生产质量安全控制技术规范
第2部分：大田作物产品

2015-05-21 发布

2015-08-01 实施

中华人民共和国农业部 发布

前　言

NY/T 2798《无公害农产品　生产质量安全控制技术规范》为系列标准：
——第1部分：通则；
——第2部分：大田作物产品；
——第3部分：蔬菜；
——第4部分：水果；
——第5部分：食用菌；
——第6部分：茶叶；
——第7部分：家畜；
——第8部分：肉禽；
——第9部分：生鲜乳；
——第10部分：蜂产品；
——第11部分：鲜禽蛋；
——第12部分：畜禽屠宰；
——第13部分：养殖水产品。
本部分为NY/T 2798的第2部分。本部分应与第1部分结合使用。
本部分按照GB/T 1.1—2009给出的规则起草。
本部分由中华人民共和国农业部提出并归口。
本部分起草单位：中国农业科学院农业质量标准与检测技术研究所、农业部农产品质量安全中心、农业部优质农产品开发服务中心、广东省农业科学院农产品公共监测中心。
本部分主要起草人：王敏、毛雪飞、张英、朱彧、廖超子、袁广义、黄魁建、王富华、杨慧、李庆江。

无公害农产品 生产质量安全控制技术规范
第2部分：大田作物产品

1 范围

本部分规定了无公害大田作物产品生产质量安全控制的基本要求，包括产地环境、种子种苗、肥料使用、病虫草鼠害防治、耕作管理、采后处理、包装标识与产品储运等环节关键点的质量安全控制措施。

本部分适用于粮食、油料、糖料等大田作物的无公害农产品生产、管理和认证。

2 规范性引用文件

下列文件对于本文件的应用是必不可少的。凡是注日期的引用文件，仅注日期的版本适用于本文件。凡是不注日期的引用文件，其最新版本（包括所有的修改单）适用于本文件。

GB 4404（所有部分） 粮食作物种子

GB 4407.2 经济作物种子 第2部分：油料类

GB 19176 糖用甜菜种子

GB/T 22508 预防与降低谷物中真菌毒素污染操作规范

GB/T 29890 粮油储藏技术规范

NY/T 496 肥料合理使用准则 通则

NY/T 1276 农药安全使用规范 总则

NY/T 2308 花生黄曲霉毒素污染控制技术规程

NY/T 2798.1 无公害农产品 生产质量安全控制技术规范 第1部分：通则

NY 5332 无公害食品 大田作物产地环境条件

农办农〔2013〕45号 小麦、玉米、水稻三大粮食作物区域大配方与施肥建议（2013）

3 控制技术措施

3.1 产地环境

序号	关键点	主要风险因子	控制措施
3.1.1	土壤、环境空气、灌溉水	重金属、生物毒素、农药残留、大气污染物、致病微生物	a) 产地周边环境及产区条件应满足 NY/T 2798.1 中的相关要求。产地环境质量安全应符合 NY 5332 的要求 b) 宜合理轮作/间作和/或套作 c) 对重金属污染风险较高的地区，应加强产地环境污染因素的排查和监测，并采取针对性措施防控。如对酸性较强的土壤，可适量施用石灰降低土壤中镉等重金属的活性 d) 对生物毒素污染风险较高的地区，应加强相关真菌病害的预测预报和产地环境监测，并采取针对性措施防控。如可参照 NY/T 2308 等标准有关土壤处理的做法，合理采取施用石灰、药剂预防、深翻等措施，控制花生黄曲霉毒素等生物毒素污染风险

3.2 种子种苗

序号	关键点	主要风险因子	控制措施
3.2.1	品种选择	产毒真菌、生物毒素、重金属、农药残留	a) 属主要农作物范围的,应选择通过审定的品种。非主要农作物范围的,应优先选择省级(含省级委托的设区的市、自治州)以上农业行政主管部门公告发布的、适合当地的主推品种和/或当地示范成功的推广品种 b) 选择适合当地气候、地力、地势,对病虫害具有抗性和/或耐性的品种。如长江中下游等小麦赤霉病高发地区,宜选择抗赤霉病的小麦品种 c) 对重金属污染风险较大的地区和产品,宜选择重金属低积累的作物品种
3.2.2	种子种苗质量		a) 应从具有种子经营许可证的经销部门购买具有包装(不能包装的除外)、附有标签(内容应符合国家规定)、质量符合 GB 4404,GB 4407.2 和 GB 19176 等相关标准要求的种子 b) 应选择籽粒饱满、完整无损伤的种子,或苗壮、完整、有活力的秧苗 c) 如需对种子进行化学处理和包衣,应遵守相关技术规范,并有相应记录 d) 避免使用盛过霉变或染病种子或籽粒的器具

3.3 肥料使用

序号	关键点	主要风险因子	控制措施
3.3.1	采购与贮存	重金属	应符合 NY/T 2798.1 中农业投入品管理的相关规定
3.3.2	施肥	重金属、生物毒素、致病微生物	a) 应按照 NY/T 496 的相关要求,根据土壤性状、植物营养特性、肥料性质、目标产量等具体情况,采用适宜、有效的施肥技术,平衡施肥或测土配方施肥。小麦、玉米和水稻可参考农办农〔2013〕45 号的要求,防止肥料过量使用对周边环境造成污染 b) 坚持有机肥料与无机肥料相结合、大量元素与中微量元素相结合、基肥与追肥相结合、施肥与其他措施相结合的施肥原则 c) 使用前,宜对有机肥料的来源、潜在危害进行分析,如致病微生物、重金属含量、堆肥方式、杂草种子含量等。不应将人类生活的污水淤泥和城市垃圾等废弃物作为有机肥料使用 d) 酸性土壤地区应避免长期使用酸性肥料 e) 建立并保留施肥记录。记录内容应至少包括以下信息:肥料产品名称和有效成分含量、施肥地点、施肥日期、施肥量、施肥方法、施肥人员姓名等

3.4 病虫草鼠害防治

序号	关键点	主要风险因子	控制措施
3.4.1	农药采购与贮存	禁限用农药、隐性成分	应使用经国家登记许可、符合 NY/T 1276 和 NY/T 2798.1 相关规定的农药
3.4.2	农药使用	农药残留	a) 应及时获取当地农技推广部门发布的预测预报信息,适时防治病虫草鼠害。防治时,优先采用农业防治、生物防治、物理防治措施,尽可能减少化学农药的使用 b) 不得选择国家禁止使用的农药(见附录 A)。应按照农药产品登记的防治对象和安全间隔期选择适宜的农药品种。在

（续）

序号	关键点	主要风险因子	控制措施
			同一生长季节宜选择不同作用机理的农药品种交替使用 　　c)　农药使用时，应严格遵守农药标签规定的用药量、配制方法、施药时间、施药方法、施用次数等 　　d)　应按照 NY/T 1276 选择施药器械，并使之处于良好状态 　　e)　施药人员应经过必要的技术培训。施药时，应按要求做好安全防护 　　f)　对剩余农药、清洗废液、农药包装容器等废弃物，应按照 NY/T 1276 的规定，及时进行收集、保存和处置 　　g)　建立并保留农药使用记录。记录内容应至少包括以下信息：作物种类、施药时间、施药地点（面积）、农药产品名称和有效成分、登记证号、防治对象、使用量、施药方法、施药人员、采收时间等信息

3.5　耕作管理

序号	关键点	主要风险因子	控制措施
3.5.1	播种	生物毒素、农药残留、残膜	a)　播种要根据当地常年气象情况和气象预报适期进行，避开易诱发病害的天气 　　b)　合理密植，防止过度密植诱发病虫害 　　c)　如需使用地膜，应适量、合理，并及时回收废弃地膜和进行无害化处理
3.5.2	灌溉和排水	生物毒素、致病微生物	根据作物生育期需水特性、土壤墒情、天气情况等，适时灌溉和排水，合理控制土壤水分含量
3.5.3	采收	农药残留、生物毒素	应根据成熟度并确保在农药安全间隔期后适时采收产品。对于易受生物毒素污染的产品，应避免阴雨天采收
3.5.4	秸秆还田	重金属、生物毒素	a)　对重金属污染突出的地区，不宜秸秆还田 　　b)　对病害发生较严重的地区，秸秆不宜直接还田，应销毁或高温腐熟后再施用

3.6　采后处理

序号	关键点	主要风险因子	控制措施
3.6.1	干燥处理	生物毒素、重金属、外来杂物	a)　除不需要干燥处理的产品，采收后应及时晾晒、干燥至安全含水量。有关产品的安全含水量要求参见相关产品标准 　　b)　不应在公路、沥青地面、粉尘污染严重等易造成产品污染的场所晾晒、干燥产品
3.6.2	收获产品储藏	生物毒素、农药残留	遵守 NY/T 2798.1 的相关规定，还应采取以下控制措施： 　　a)　根据产品特点对产品进行必要筛选，剔除霉变、破损等可能诱发储藏病害的产品 　　b)　储藏期间，定期监测储存场所的温度、湿度（必要时）及产品状况。对局部发热等异常状况，应采取相应补救措施。发现霉变产品应及时清除并无害化处理 　　c)　储藏场所消毒、防鼠、防虫等用药应严格遵守相关规定，避免对产品和周围环境造成污染 　　d)　除上述措施，粮食产品可参考 GB/T 29890 和 GB/T 22508 中的相关规定

（续）

序号	关键点	主要风险因子	控制措施
3.6.3	初级加工	致病微生物、生物毒素、农药残留、食品添加剂、物理污染	a) 从事初级加工的企业必须具备企业食品生产许可证，满足相关产品《生产许可证实施细则》所规定的各项要求。如大米生产企业应满足《大米生产许可证实施细则》规定的各项要求 b) 加工前，根据产品特点对产品进行筛选，有效剔除霉变产品、杂物及无用部分，保证原料合格 c) 加工设备应保持卫生、整洁，设备材质应符合相关食品安全要求 d) 初级加工过程不允许添加食品添加剂，更不得使用食品非法添加物 e) 采取必要措施，控制碎玻璃、破损刀片、石块等物理性风险
注：粮油产品可参考 GB/T 29890 的相关要求储藏；谷物产品可参考 GB/T 22508 的相关要求预防和降低真菌毒素污染。			

3.7 包装标识与产品储运

序号	关键点	主要风险因子	控制措施
3.7.1	包装、标识、储藏运输	致病微生物、生物毒素、物理污染、化学污染	应遵守 NY/T 2798.1 的相关规定和本部分 3.6.2 的要求

附 录 A

（规范性附录）

国家禁止在大田作物生产中使用的农药目录

国家禁止在大田作物生产中使用的农药目录见表 A.1。

表 A.1 国家禁止在大田作物生产中使用的农药目录

类　别	名　称
有机氯类	六六六、滴滴涕、毒杀芬、艾氏剂、狄氏剂
有机磷类	甲胺磷、甲基对硫磷、对硫磷、久效磷、磷胺、苯线磷、地虫硫磷、甲基硫环磷、磷化钙、磷化镁、磷化锌、硫线磷、蝇毒磷、治螟磷、特丁硫磷
有机氮类	杀虫脒、敌枯双
除草剂类	除草醚、氯磺隆（2015 年 12 月 31 日起）、胺苯磺隆单剂（2015 年 12 月 31 日起）、胺苯磺隆复配制剂（2017 年 7 月 1 日起）、甲磺隆单剂（2015 年 12 月 31 日起）、甲磺隆复配制剂（2017 年 7 月 1 日起）
其他	二溴氯丙烷、二溴乙烷、汞制剂、砷类、铅类、氟乙酰胺、甘氟、毒鼠强、氟乙酸钠、毒鼠硅、氟虫腈（玉米等部分旱田种子包衣剂除外）、丁酰肼（又称"比久"，禁止在花生上使用）、福美胂和福美甲胂（2015 年 12 月 31 日起）
注:以上为截至 2014 年 11 月 30 日国家公告禁止在大田作物生产中使用的农药目录。之后国家新公告的大田作物上禁止使用的农药目录，需从其规定。	

ICS 67.080.20
B 31

中华人民共和国农业行业标准

NY/T 2798.3—2015

无公害农产品
生产质量安全控制技术规范
第3部分:蔬菜

2015-05-21 发布
2015-08-01 实施
中华人民共和国农业部 发布

前　言

NY/T 2798《无公害农产品　生产质量安全控制技术规范》为系列标准:
——第1部分:通则;
——第2部分:大田作物产品;
——第3部分:蔬菜;
——第4部分:水果;
——第5部分:食用菌;
——第6部分:茶叶;
——第7部分:家畜;
——第8部分:肉禽;
——第9部分:生鲜乳;
——第10部分:蜂产品;
——第11部分:鲜禽蛋;
——第12部分:畜禽屠宰;
——第13部分:养殖水产品。
本部分为NY/T 2798的第3部分。本部分应与第1部分结合使用。
本部分按照GB/T 1.1—2009给出的规则起草。
本部分由中华人民共和国农业部提出并归口。
本部分起草单位:广东省农业科学院农产品公共监测中心、农业部农产品质量安全中心、中国农业科学院农业质量标准与检测技术研究所、农业部优质农产品开发服务中心。
本部分主要起草人:杨慧、王富华、王敏、赵晓丽、耿安静、朱彧、廖超子、袁广义、毛雪飞、陈岩。

无公害农产品　生产质量安全控制技术规范
第3部分:蔬菜

1　范围

本部分规定了无公害农产品蔬菜生产质量安全控制的基本要求,包括产地环境、农业投入品、栽培管理、包装标识与产品贮运等环节关键点的质量安全控制措施。

本部分适用于无公害农产品蔬菜的生产、管理和认证。

2　规范性引用文件

下列文件对于本文件的应用是必不可少的。凡是注日期的引用文件,仅注日期的版本适用于本文件。凡是不注日期的引用文件,其最新版本(包括所有的修改单)适用于本文件。

GB 2760　食品安全国家标准　食品添加剂使用标准

GB 5749　生活饮用水卫生标准

GB/T 8321(所有部分)　农药合理使用准则

GB 13735　聚乙烯吹塑农用地面覆盖薄膜

GB 16715　瓜菜作物种子

GB/T 29372　食用农产品保鲜贮藏管理规范

NY/T 496　肥料合理使用准则　通则

NY/T 2798.1　无公害农产品　生产质量安全控制技术规范　第1部分:通则

NY 5010　无公害食品　蔬菜产地环境条件

NY 5294　无公害食品　设施蔬菜产地环境条件

NY 5331　无公害食品　水生蔬菜产地环境条件

3　控制技术及要求

3.1　产地环境

序号	关键点	主要风险因子	控制措施
3.1.1	土壤、环境空气、灌溉水	重金属、农药残留、致病微生物、大气污染物	a)　产地环境应符合 NY/T 2798.1 的相关要求 b)　产地内的土壤、空气、水质量应符合 NY 5010、NY 5294 的要求,种植水生蔬菜应符合 NY 5331 的要求

3.2　农业投入品

序号	关键点	主要风险因子	控制措施
3.2.1	品种	病原菌	a)　宜选用高产优质、抗病虫蔬菜良种 b)　种子、种苗的选择应符合《中华人民共和国植物检疫条例》的要求,瓜类蔬菜种子应符合 GB 16715 的相关要求
3.2.2	肥料	重金属、农药残留、生物毒素、致病微生物	a)　肥料的采购、储存应符合 NY/T 2798.1 的相关要求 b)　应根据 NY/T 496 的相关要求,采用适宜、有效的施肥方法,并鼓励测土配方施肥,以利于蔬菜对养分的有效利用,降低肥料流失及对周围环境的污染

（续）

序号	关键点	主要风险因子	控制措施
			c) 施用叶面肥后的安全使用期应符合叶面肥说明书的要求 d) 施用充分腐熟或经过无害化处理的有机肥，不应施用生活垃圾、工业废渣、污泥等
3.2.3	农药	农药残留	a) 农药采购应符合 NY/T 2798.1 的相关要求，应针对蔬菜品种和当地病、虫、草害特点，根据农药登记范围合理选择农药 b) 不应使用国家禁止使用的剧毒、高毒农药以及国家禁止在蔬菜上使用的农药（见附录 A）。 c) 优先使用高效、低毒、低残留农药，并科学轮换使用作用机理不同的农药品种。农药使用应符合 GB/T 8321（所有部分）的要求，特别是安全间隔期的要求；不应使用过期农药产品 d) 应使用符合国家规定的施药器械，合理操作，避免农药的局部污染和对操作人员的伤害。施药前，施药器械应确保洁净并检验其功能；施药后，施药器械应清洗
3.2.4	地膜	物理污染（地膜残留）	使用地膜应符合 GB 13735 的相关要求

3.3 栽培管理

3.3.1 露地栽培

序号	关键点	主要风险因子	控制措施
3.3.1.1	选地、整地	农药残留、病原菌	a) 宜采取深耕、翻晒等措施减少土壤中有害病菌和害虫，以减少农药使用 b) 宜采取间种、套种、轮作等栽培方式，选择相应的整地措施，以提高土壤的利用率
3.3.1.2	育苗、定植	农药残留、地膜残留	a) 应进行种子和苗床消毒，预防种子、土壤传播病害，以减少苗期病害及植株的用药量。宜采用人工破壳、摩擦等方法弄破种皮，增强透性，促进种子发芽 b) 根据栽培季节、栽培方式、气象情况及蔬菜品种特性，选择适宜的播种期，避开易诱发病害的天气 c) 如需育苗，应采用护根的营养钵、穴盘等方法，适时炼苗，以减轻苗期病害，增强抗病力。应选择适龄壮苗，宜带土移栽 d) 如需使用地膜，应适量、合理，及时回收并做无害化处理
3.3.1.3	水肥管理	重金属、农药残留	a) 宜采用当地农业部门推荐的施肥措施，精准施肥、测土配方施肥 b) 灌溉体系应实现"旱能灌、涝能排"。根据蔬菜病虫害发生特点及需水量不同进行灌溉，清沟理墒、防渍防旱，合理控制土壤中水分含量 c) 有条件的产地提倡滴灌、喷灌等水肥一体化技术管理模式，以达到节水、节肥的目的 d) 建立并保存肥料使用档案记录，包括作物名称与品种、肥料名称和来源、施肥方法、施肥量、使用及停用日期、施肥人员姓名等信息

（续）

序号	关键点	主要风险因子	控制措施
3.3.1.4	植株调整	病虫害、农药残留、植物生长调节剂	a) 根据蔬菜品种和当地水土情况、种植习惯和管理水平,合理种植、通风透光,不宜过度密植 b) 采用机械调节,如整枝、摘心、支架、绑蔓、压蔓等措施增加叶面积指数,改善通风透光条件,并有利于加大栽植密度,减少病虫害从而减少农药使用 c) 若采用化学调节,应按照国家相关规定的用量使用
3.3.1.5	授粉	植物生长调节剂	a) 宜采取昆虫授粉或机械授粉的方式,合理使用植物生长调节剂 b) 若采用昆虫授粉,应谨慎施用农药,防止授粉昆虫的死亡
3.3.1.6	病虫草鼠害防治	农药残留	a) 农药采购与使用按照3.2.3相关要求执行 b) 病虫害防治应遵循"预防为主,综合防治"的植物保护原则。优先采用物理防治、生物防治等措施,以预防或减轻病虫害从而减少用药量 c) 应记录完整的病虫草鼠害发生和防治情况以及农药使用情况,包括农药的名称和来源、使用地点、使用时间、使用量、使用方法、防治对象、停用日期、使用人员姓名等信息 d) 应及时获取当地农技推广等部门发布的预报信息,适时采用物理防治、生物防治、化学防治等措施预防病虫草鼠害
3.3.1.7	采收	农药残留、物理污染、机械损伤	a) 采收时间应遵守农药使用的安全间隔期规定 b) 如需机械采收,应防止机械油污对蔬菜和农田土壤的污染 c) 采收时应精心、细致、轻拿轻放,力求避免各种机械损伤 d) 贮藏时间短的蔬菜,应在采收前一周少浇水
3.3.1.8	废弃物管理	农药残留、病原菌	应符合 NY/T 2798.1 的相关要求

3.3.2 设施栽培

序号	关键点	主要风险因子	控制措施
3.3.2.1	整地	农药残留、病原菌	宜采取高温闷棚、土壤熏蒸等管理模式控制土壤中的有害生物,以减少用药量
3.3.2.2	育苗、定植	农药残留	按照3.3.1.2的要求执行
3.3.2.3	水肥管理	重金属、农药残留	a) 按照3.3.1.3的要求执行 b) 采取水肥一体化技术管理模式
3.3.2.4	植株调整	病虫害、农药残留、植物生长调节剂	按照3.3.1.4的要求执行
3.3.2.5	设施条件管理	病虫害	宜使用遮阳网、水帘、风扇等设施调控温度及湿度,以减少病虫害
3.3.2.6	授粉	植物生长调节剂	a) 按照3.3.1.5的要求执行 b) 如需采用人工授粉,应选择符合国家规定的植物生长调节剂,且符合浓度等规定
3.3.2.7	病虫草鼠害防治	农药残留、病原菌	a) 按照3.3.1.6的要求执行 b) 采用化学消毒法(如使用硫黄粉熏蒸等)、物理消毒法(如使用热水等)、农业防治法(如合理轮作等)抑制土壤病原菌繁殖

（续）

序号	关键点	主要风险因子	控制措施
			c) 宜采用防虫网、色板（如黄板、蓝板）、性诱剂等措施进行虫害防治。若设施内蔬菜种植时所需湿度较大，则宜采取喷粉、喷烟等措施，以减少用药量
3.3.2.8	采收	农药残留、物理污染、机械损伤	按照3.3.1.7的要求执行
3.3.2.9	废弃物管理	农药残留、病原菌	应符合NY/T 2798.1的相关要求

3.3.3 水生栽培

序号	关键点	主要风险因子	控制措施
3.3.3.1	水塘管理	重金属、农药残留	a) 应选择水源充足、水质良好、保水性强、有机质丰富、排灌条件良好的水塘 b) 宜采取排水、翻耕、晒白等措施控制水塘中的有害生物，以减少用药量
3.3.3.2	水肥管理	重金属、农药残留	a) 水层管理一般采用"浅—深—浅"的原则 b) 按照3.3.1.3的要求执行
3.3.3.3	病虫草害防治	农药残留	a) 宜采用农业防治法（如合理轮作等）、物理防治法（如使用频振式杀虫灯等）、生物防治法（如使用印楝素等）进行病虫草害的防治 b) 按照3.3.1.6的要求执行
3.3.3.4	采收	农药残留、物理污染、机械损伤	按照3.3.1.7的要求执行
3.3.3.5	废弃物管理	农药残留、病原菌	应符合NY/T 2798.1的相关要求

3.4 包装标识与产品贮运

序号	关键点	主要风险因子	控制措施
3.4.1	净菜（清洗）	重金属、致病微生物、农药残留	水质应符合GB 5749的要求
3.4.2	打蜡	色素、重金属	需要打蜡处理的产品，其使用蜡液成分应符合GB 2760的相关要求，不应使用工业用蜡、色素
3.4.3	贮藏	微生物、生物毒素、物理污染、化学污染、辐射污染	a) 应符合GB/T 29372和NY/T 2798.1的相关要求，并采取以下控制措施： b) 根据产品特点对产品进行筛选，剔除霉变、破损等可能诱发贮藏病虫害的产品 c) 贮藏时应按品种、规格分别贮存，不应与有毒有害物质混贮。分层堆放，堆码不应过高，应留有空间保证气流均匀流通，便于检查。贮藏期间定期检查温度、湿度、产品水分含量等情况，发现霉变产品应及时清除并无害化处理 d) 贮藏场所使用前应进行消毒处理。贮藏场所要阴凉、有通风设备，保持清洁卫生、无异味，并注意防虫、防鼠、防潮 e) 应根据不同的产品选择适宜的贮藏方式。贮藏过程中不应使用农药、食品添加剂进行产品的防腐、防虫、保鲜等。如需进行辐射抑芽处理，应按国家相关规定进行标识
3.4.4	包装标识	微生物、物理污染、化学污染	应符合NY/T 2798.1的相关要求
3.4.5	运输	微生物、生物毒素、物理污染、化学污染、机械损伤	应符合NY/T 2798.1和GB/T 29372的相关要求

附　录　A

（规范性附录）

国家禁止在蔬菜中使用的农药目录

国家禁止在蔬菜中使用的农药目录见表 A.1。

表 A.1　国家禁止在蔬菜中使用的农药目录

类　别	名　　称
有机氯类	六六六、滴滴涕、毒杀芬、艾氏剂、狄氏剂、硫丹
有机磷类	苯线磷、地虫硫磷、甲基硫环磷、磷化钙、磷化镁、磷化锌、硫线磷、蝇毒磷、治螟磷、特丁硫磷、杀扑磷、氧乐果、甲拌磷、甲基异柳磷、灭线磷、磷化铝、水胺硫磷、硫丹、甲胺磷、甲基对硫磷、对硫磷、久效磷、磷胺、内吸磷、硫环磷、氯唑磷、毒死蜱（2016 年 12 月 31 日起）、三唑磷（2016 年 12 月 31 日起）
有机氮类	杀虫脒、敌枯双
氨基甲酸酯类	涕灭威、克百威、灭多威
除草剂类	除草醚、氯磺隆（2015 年 12 月 31 日起）、胺苯磺隆单剂（2015 年 12 月 31 日起）、胺苯磺隆复配制剂（2017 年 7 月 1 日起）、甲磺隆单剂（2015 年 12 月 31 日起）、甲磺隆复配制剂（2017 年 7 月 1 日起）
其他	二溴氯丙烷、二溴乙烷、汞制剂、砷类、铅类、氟乙酰胺、甘氟、毒鼠强、氟乙酸钠、毒鼠硅、溴甲烷、氟虫腈、福美胂和福美甲胂（2015 年 12 月 31 日起）
注:以上为截至 2014 年 11 月 30 日国家公告禁止在蔬菜生产中使用的农药目录。之后国家新公告的在蔬菜生产中禁止使用的农药目录，需从其规定。	

ICS 67.080.10
B 31

中华人民共和国农业行业标准

NY/T 2798.4—2015

无公害农产品

生产质量安全控制技术规范

第4部分：水果

2015-05-21 发布　　　　　　　　　　　　2015-08-01 实施

中华人民共和国农业部 发布

前　言

NY/T 2798《无公害农产品　生产质量安全控制技术规范》为系列标准：
——第1部分：通则；
——第2部分：大田作物产品；
——第3部分：蔬菜；
——第4部分：水果；
——第5部分：食用菌；
——第6部分：茶叶；
——第7部分：家畜；
——第8部分：肉禽；
——第9部分：生鲜乳；
——第10部分：蜂产品；
——第11部分：鲜禽蛋；
——第12部分：畜禽屠宰；
——第13部分：养殖水产品。
本部分为 NY/T 2798 的第4部分。本部分应与第1部分结合使用。
本部分按照 GB/T 1.1—2009 给出的规则起草。
本部分由中华人民共和国农业部提出并归口。
本部分起草单位：农业部优质农产品开发服务中心、农业部农产品质量安全中心。
本部分主要起草人：刘玉国、郝文革、袁广义、黄魁建、王敏、廖超子、毛雪飞、张诺。

无公害农产品　生产质量安全控制技术规范
第4部分:水果

1　范围

本部分规定了无公害农产品水果种植质量安全控制的基本要求,包括园地选择、品种选择、肥料使用、病虫草害防治、栽培管理等环节关键点的质量安全控制措施。

本部分适用于无公害农产品　水果的生产、管理和认证。

2　规范性引用文件

下列文件对于本文件的应用是必不可少的。凡是注日期的引用文件,仅注日期的版本适用于本文件。凡是不注日期的引用文件,其最新版本(包括所有的修改单)适用于本文件。

GB 2760　食品安全国家标准　食品添加剂使用标准

GB 3095　环境空气质量标准

GB 5084　农田灌溉水质标准

GB 5749　生活饮用水卫生标准

GB 15618　土壤环境质量标准

NY/T 1276　农药安全使用规范　总则

NY/T 2798.1　无公害农产品　生产质量安全控制技术规范　第1部分:通则

3　控制技术及要求

3.1　园地选择

序号	关键点	主要风险因子	控制措施
3.1.1	土壤、环境空气、灌溉水	重金属、农药残留、大气污染物	a)　园地选择应符合 NY/T 2798.1 中的相关要求 b)　园地内的土壤、水、空气质量应符合 GB 15618、GB 5084、GB 3095 的要求

3.2　品种选择

序号	关键点	主要风险因子	控制措施
3.2.1	品种	检疫性病虫害	选用对病、虫害具有抗性或耐性的品种
3.2.2	苗木		a)　选用不带检疫性病虫害的苗木 b)　不应从疫区购买苗木,优先选用无病毒苗木

3.3　肥料使用

序号	关键点	主要风险因子	控制措施
3.3.1	选购与贮存		a) 应执行 NY/T 2798.1 中的相关要求 b) 苹果、柑橘、葡萄等忌氯作物不宜使用含氯肥料
3.3.2	肥料使用	重金属、病原微生物	a) 有机肥应充分腐熟或经过无害化处理 b) 基肥以有机肥为主,追肥应以速效肥为主,应根据树势强弱、产量高低以及是否缺少微量元素等,确定施肥种类、数量、次数和方法 c) 根据土壤、树体营养情况,配方施肥 d) 建立并保留施肥记录。记录内容应至少包括以下信息:所有施用肥料的产品名称和有效成分含量、施肥地点、施肥日期、施肥量、施肥方法、施肥人员姓名等

3.4 病虫草害防治

序号	关键点	主要风险因子	控制措施
3.4.1	农药选购及存放		应符合 NY/T 2798.1 中的相关规定
3.4.2	农药使用	农药残留	a) 不应使用国家禁止生产、使用的农药;选择限用的农药应遵守有关规定。国家禁止在水果生产中使用的农药目录见附录 A b) 应按照农药标签注明的使用范围、剂量和方法进行使用,不应超范围和剂量使用。应严格执行安全间隔期的规定 c) 施药器械应符合国家相关规定,并处于良好状态 d) 施药人员应经过必要的技术培训。施药时,应按要求做好防护,防止农药中毒 e) 对剩余农药、清洗废液、农药包装容器等废弃物,应按照 NY/T 1276 的规定,及时进行安全处置 f) 建立并保留农药使用记录。记录内容应至少包括以下信息:作物种类、施药时间、施药地点(面积)、农药产品名称和有效成分、登记证号、防治对象、使用量、施药方法、施药人员、安全间隔期等信息

3.5 栽培管理

序号	关键点	主要风险因子	控制措施
3.5.1	土壤耕翻	病虫源	合理进行园地耕翻,改良土壤,以促进果树增产和消灭越冬病虫
3.5.2	整形修剪		合理进行果树修剪与整形,达到树体结构合理、树势健壮、树冠通风透光
3.5.3	果实套袋		a) 根据品种,选用符合相关要求的专用果袋 b) 果实套袋前,喷药防治危害果实的病虫害,待药剂干后再套袋 c) 果实套袋以晴天为宜,避开雨天、露水未干及中午强光时段 d) 废弃果袋应集中清出果园,并进行无害化处理
3.5.4	生长调节剂使用	农药残留	在保花保果、疏花疏果、膨大、催熟等时期使用植物生长调节剂,按照产品标签规定的使用范围、时期、浓度和次数执行
3.5.5	灌溉	生物毒素	a) 根据生长发育需要,适时灌溉 b) 采前不灌溉 c) 及时排水,避免涝害
3.5.6	采收	生物毒素、农药残留	a) 适期采收。采收时,轻拿轻放轻搬运 b) 下雨、有雾或露水未干时不宜采收 c) 采收果实避免与泥土、杂草等环境接触
3.5.7	清园	病虫源	采果后及时清除园内枯枝、落叶、病果、僵果,深埋或者带出园外集中销毁

3.6 采后处理

序号	关键点	主要风险因子	控制措施
3.6.1	清洗	重金属、致病微生物、农药残留	水质应符合 GB 5749 的要求
3.6.2	打蜡	色素、重金属	蜡液成分符合食品添加剂标准要求，不应使用工业用蜡
3.6.3	贮藏保鲜	农药残留、真菌毒素	a) 根据品种选择适宜的保鲜技术 b) 优先采用冷藏、气调贮藏等物理保鲜，在物理保鲜不能满足需要时，可采用生物保鲜和化学保鲜。保鲜剂的使用应符合 GB 2760 的规定

3.7 包装标识与产品储运

序号	关键点	主要风险因子	控制措施
3.7.1	包装标识、储藏运输	致病微生物、生物毒素、物理污染、化学污染	应符合 NY/T 2798.1 中的相关规定

附 录 A

（规范性附录）

国家禁止和限制在水果上使用的农药目录

国家禁止和限制在水果上使用的农药目录见表 A.1。

表 A.1 国家禁止和限制在水果上使用的农药目录

类 别	名 称
有机氯类	六六六、滴滴涕、毒杀芬、艾氏剂、狄氏剂、硫丹
有机磷类	甲胺磷、甲基对硫磷、对硫磷、久效磷、磷胺、苯线磷、地虫硫磷、甲拌磷、甲基异柳磷、内吸磷、克百威、涕灭威、灭线磷、氯唑磷、氟虫腈、甲基硫环磷、硫线磷、治螟磷、磷化钙、磷化镁、磷化锌、蝇毒磷、特丁硫磷
有机氮类	杀虫脒、敌枯双
除草剂类	除草醚、氯磺隆（2015 年 12 月 31 日起）、胺苯磺隆单剂（2015 年 12 月 31 日起）、胺苯磺隆复配制剂（2017 年 7 月 1 日起）、甲磺隆单剂（2015 年 12 月 31 日起）、甲磺隆复配制剂（2017 年 7 月 1 日起）
其他	二溴氯丙烷、二溴乙烷、汞制剂、砷类、铅类、氟乙酰胺、甘氟、毒鼠强、氟乙酸钠、毒鼠硅、福美胂和福美甲胂（2015 年 12 月 31 日起）
注 1：灭多威、水胺硫磷和氧乐果不得在柑橘树上使用，硫丹和灭多威不得在苹果树上使用，溴甲烷不得在草莓上使用。	
注 2：以上为截至 2014 年 9 月 30 日国家公告禁止在水果生产中使用的农药目录。之后国家新公告的水果上禁止使用的农药目录，需从其规定。	

ICS 67.080.20
B 31

中华人民共和国农业行业标准

NY/T 2798.5—2015

无公害农产品
生产质量安全控制技术规范
第5部分：食用菌

2015-05-21 发布 　　　　　　　　　　　　2015-08-01 实施

中华人民共和国农业部 发布

前　言

NY/T 2798《无公害农产品　生产质量安全控制技术规范》为系列标准：
——第1部分：通则；
——第2部分：大田作物产品；
——第3部分：蔬菜；
——第4部分：水果；
——第5部分：食用菌；
——第6部分：茶叶；
——第7部分：家畜；
——第8部分：肉禽；
——第9部分：生鲜乳；
——第10部分：蜂产品；
——第11部分：鲜禽蛋；
——第12部分：畜禽屠宰；
——第13部分：养殖水产品。

本部分为 NY/T 2798 的第5部分。本部分应与第1部分结合使用。

本部分按照 GB/T 1.1—2009 给出的规则起草。

本部分由中华人民共和国农业部提出并归口。

本部分起草单位：中国农业科学院农业资源与农业区划研究所、农业部农产品质量安全中心、江苏省农业科学院、昆山市正兴食用菌有限公司、中国农业科学院农业质量标准与检测技术研究所。

本部分主要起草人：胡清秀、廖超子、邹亚杰、朱彧、宋金娣、丁保华、张瑞颖、李庆江、陈强、张海军、郑雪平、王敏。

无公害农产品 生产质量安全控制技术规范
第5部分：食用菌

1 范围

本部分规定了无公害农产品食用菌生产质量安全控制的基本要求，包括产地环境、农业投入品、栽培管理、采后处理等环节关键点的质量安全控制技术及要求。

本部分适用于无公害农产品 食用菌的生产、管理和认证。

2 规范性引用文件

下列文件对于本文件的应用是必不可少的。凡是注日期的引用文件，仅注日期的版本适用于本文件。凡是不注日期的引用文件，其最新版本（包括所有的修改单）适用于本文件。

GB 2760 食品安全国家标准 食品添加剂使用标准

GB 4455 农业用聚乙烯吹塑棚膜

GB 5749 生活饮用水卫生标准

GB 9687 食品包装用聚乙烯成型品卫生标准

GB 9688 食品包装用聚丙烯成型品卫生标准

GB 11680 食品包装用原纸卫生标准

GB/T 12728 食用菌术语

GB 14942 食品容器、包装材料用聚碳酸酯成型品卫生标准

GB/T 24616 冷藏食品物流包装、标志、运输和储存

NY/T 1742 食用菌菌种通用技术要求

NY/T 2798.1 无公害农产品 生产质量安全控制技术规范 第1部分：通则

NY 5099 无公害食品 食用菌栽培基质安全技术要求

NY 5358 无公害食品 食用菌产地环境条件

3 术语和定义

GB/T 12728 界定的以及下列术语和定义适用于本文件。

3.1

覆土材料 casing soil

用于食用菌栽培基质表面覆盖的土壤。

3.2

菌渣 spent substrate

栽培食用菌后的培养基质。

4 控制技术及要求

4.1 产地环境

序号	关键点	主要风险因子	控制措施
4.1.1	产地选择	重金属、有害化学物质、生物污染源、空气污染物	a) 应地势平坦、排灌方便,有饮用水源。场地周边 5 km 以内无污染源;100 m 内无集市、水泥厂、石灰厂、木材加工厂等扬尘源;50 m 之内无禽畜舍、垃圾场和死水水塘等危害食用菌的病虫源滋生地;距公路主干线 200 m 以上 b) 土壤质量和水质符合 NY 5358 相关规定
4.1.2	环境管理		a) 生产场地应清洁干净,清除杂物、杂草,排水系统畅通,地面平整,不积水、不起尘,保持环境卫生 b) 生产基地布局符合工艺要求,严格区分污染区和洁净区,以最大限度减少产品污染的风险 c) 生产区和原料仓库、成品仓库、生活区严格分开

4.2 农业投入品

序号	关键点	主要风险因子	控制措施
4.2.1	菇房(菇棚)	杂菌、害虫	a) 各类栽培菇房(棚)应通风良好、可密闭、控温、控湿;未安装通风设备的菇房(棚),通风处和门窗应安装孔径为 0.21 cm～0.25 cm 的防虫网防虫 b) 棚膜质量应符合 GB 4455 的要求 c) 使用前消毒、杀虫,使用后清棚、除杂,菇房(棚)消毒、灭虫使用的药剂应符合 NY 5099 相关规定
4.2.2	菌种	杂菌、虫卵	应符合 NY/T 1742 的要求
4.2.3	主料、辅料及覆土材料	重金属、农药残留	a) 应符合 NY 5099 相关规定,不应使用来源于污染农田或污灌区农田的原辅料和覆土材料 b) 有专门存贮场地,分类存放,标识明确。存贮库内通风干燥,使用允许使用的防鼠药 c) 记录原料来源、数量和存放措施
4.2.4	生产用水	重金属、有害微生物、农药残留	应符合 GB 5749 的要求,或使用无污染的山泉水、井水
4.2.5	添加物	违规、过量	a) 应符合 NY 5099 的相关规定,不使用非法添加物 b) 记录添加物品种、数量、使用方法和使用人
4.2.6	栽培容器	有害化学成分超标	菌袋(瓶)应选用聚乙烯、聚丙烯或聚碳酸酯类产品,质量符合 GB 9687、GB 9688 和 GB 14942 的相关规定
4.2.7	化学农药	农药残留	a) 应使用在食用菌上登记使用的农药,禁止使用附录 A 中所列农药 b) 农药采购和贮存按照 NY/T 2798.1 相关规定执行 c) 记录购买农药品种、供货单位、贮存场所、使用日期和使用人

4.3 栽培管理
4.3.1 栽培基质制备

序号	关键点	主要风险因子	控制措施
4.3.1.1	培养料配方	杂菌、害虫、有害化学物质	a) 根据生产菇种和季节,选择科学合理配方 b) 不应随意加入化学添加剂
4.3.1.2	草腐菌栽培基质制备		根据栽培菇种,采用适当方法进行发酵处理或灭菌处理。一次发酵堆肥中心温度应达到 70℃。二次发酵温度应达到 58℃～62℃
4.3.1.3	木腐类食用菌栽培原料拌料、装袋、灭菌		a) 拌料均匀,含水量适宜 b) 原料分装防止菌袋破损,料后应尽快灭菌操作 c) 宜采用常压或高压灭菌,彻底杀灭培养料中杂菌和害虫(卵)

4.3.2 接种

序号	关键点	主要风险因子	控制措施
4.3.2.1	接种场地	杂菌、害虫、有害化学物质	a) 保持清洁无异物，定期消毒，对小动物、昆虫等定期检查与防治 b) 接种前后严格消毒。消毒剂及使用方法参见附录 B c) 生料栽培应在环境洁净的地方接种
4.3.2.2	接种工具	微生物	接种前后严格消毒。消毒剂及使用方法参见附录 B
4.3.2.3	接种操作		按无菌操作方法进行

4.3.3 发菌管理

序号	关键点	主要风险因子	控制措施
4.3.3.1	发菌管理	有害微生物、害虫	a) 根据栽培菇种，在适宜的温度、湿度、光照和通风设施条件下发菌。防止高温高湿、通风不良而引起病虫害。防止高温烧菌 b) 发好的菌袋应菌丝长满菌袋(瓶)，菌丝生长健壮，均匀，无杂色斑
4.3.3.2	杂菌及病害防控	农残、有害微生物	a) 发菌过程中经常检查，及时清除已被杂菌污染或感病的菌袋(瓶)；草腐菌可采用挖去杂菌或感病团块，或用石灰控制杂菌和病害漫延 b) 清出后的污染菌袋(棒)或培养料不能随意丢弃，应及时进行无害化处理 c) 在接种、发菌、出菇区周围，严格控制病害的发生和蔓延
4.3.3.3	虫害防控	农药残留	a) 宜使用杀虫灯或毒饵诱杀害虫，或使用生物制剂和高效、低毒、低残留的化学药剂，对地面、墙壁或空间进行杀虫 b) 选择已登记可在食用菌上使用的低毒、低残留农药，用药量、施用方法按登记要求进行。严禁使用附录 A 中的农药 c) 覆土材料宜取耕作层 25 cm 以下的土壤或山地黄壤、泥炭土，暴晒后加石灰处理。不宜使用杂菌量大的塘泥、菜园土

4.3.4 出菇期管理

序号	关键点	主要风险因子	控制措施
4.3.4.1	出菇环境控制		根据栽培菇种，控制温度、湿度、通风和光照，根据栽培设施和季节变化合理控制，确保菇体健壮生长
4.3.4.2	病虫害防控	农药残留	a) 发现病害，应降低菇房(棚)内空气湿度，加强通风 b) 宜采用多项物理方法相结合防控虫害。通风处安装孔径为 0.21 cm～0.25 cm 的防虫网；棚内挂黄色粘虫板、诱虫灯，及时清理病虫感染菌袋 c) 在必须使用化学农药时，应选择已登记可在食用菌上使用的低毒、低残留农药，用药量、施用方法按登记要求进行；不应使用附录 A 中的农药 d) 使用化学药剂应在出菇间隙期进行，药物不可直接接触菇体，安全间隔期过后再行催蕾出菇
4.3.4.3	菌渣	环境污染	出菇结束后，废弃菌包及菌渣应进行及时清理并运离产地。出菇场地清洁后进行灭虫和消毒处理，方法按 4.2.1 执行

4.3.5 采收

序号	关键点	主要风险因子	控制措施
4.3.5.1	采收期	老化、含水过高、杂质、生物污染	应根据产品销售需要,确定采收标准,适时采收
4.3.5.2	采收方法	杂质	采收前合理控制喷水,加强通风。采收者应注意个人卫生,精心、细致,防止泥土、油污、有害生物等污染食用菌产品。采收后削去基部培养基、泥土等杂质

4.3.6 栽培记录

记录内容包括配方、栽培基质制备、发菌管理、出菇管理、采收以及病、虫、草、鼠害防治等全过程。

4.4 采后处理

序号	关键点	主要风险因子	控制措施
4.4.1	加工、包装、标识	致病微生物、生物毒素、食品添加剂污染、物理污染	a) 加工、保鲜过程中工作人员应具有健康证,穿着工作衣帽,不应佩戴饰品,直接接触产品的工作人员和器具要清洗消毒。需要食品添加剂时,应符合 GB 2760 的要求,不应为延长保质期、护色、增重、保鲜而超标准、超范围使用食品添加剂,不应使用非食品级化学品和有毒有害物质 b) 食用菌贮藏包装材料的内包装应符合 GB 11680 的要求,直接用于终端销售的产品外包装应符合 GB 9687 和 GB 9688 的要求 c) 标识应符合 NY/T 2798.1 的要求
4.4.2	储存、运输		a) 根据菇类要求,在适宜温度下储存,并符合 GB/T 24616 要求。不应与有毒、有害物品或有异味的物品混合储存 b) 冷藏车箱内温度宜根据菇类不同要求进行调节 c) 运输过程中应保持干燥、防压、防晒、防雨、防尘等措施,不应与有毒、有害物品或有异味的物品混装运输
4.4.3	采后记录		记录产品储存、加工、包装、运输以及标识全过程

附　录　A
（规范性附录）
国家禁止在食用菌生产中使用的农药目录

国家禁止在食用菌生产中使用的农药目录见表 A.1。

按照《中华人民共和国农药管理条例》，剧毒和高毒农药不得在蔬菜生产中使用，食用菌作为蔬菜的一类应参照执行，不得在生产中使用。

表 A.1　国家禁止在食用菌生产中使用的农药目录

类　别	名　　　称
有机氯类	六六六、滴滴涕、毒杀芬、艾氏剂、狄氏剂、硫丹
有机磷类	甲胺磷、甲基对硫磷、对硫磷、久效磷、磷胺、甲拌磷、甲基异柳磷、特丁硫磷、甲基硫环磷、治螟磷、内吸磷、涕灭威、灭线磷、硫环磷、蝇毒磷、地虫硫磷、氯唑磷、苯线磷、磷化钙、磷化镁、磷化锌、磷化铝、硫线磷、杀扑磷、水胺硫磷、氧乐果、三唑磷
有机氮类	杀虫脒、敌枯双
氨基甲酸酯类	克百威、灭多威
除草剂类	除草醚、氯磺隆（2015 年 12 月 31 日起）、胺苯磺隆单剂（2015 年 12 月 31 日起）、胺苯磺隆复配制剂（2017 年 7 月 1 日起）、甲磺隆单剂（2015 年 12 月 31 日起）、甲磺隆复配制剂（2017 年 7 月 1 日起）
其他	二溴氯丙烷、二溴乙烷、溴甲烷、汞制剂、砷类、铅类、氟乙酰胺、甘氟、毒鼠强、氟乙酸钠、毒鼠硅、氟虫腈、毒死蜱、福美胂和福美甲胂（2015 年 12 月 31 日起）
注：以上为截至 2014 年 6 月 15 日国家公告禁止在食用菌生产中使用的农药目录。之后国家新公告的在食用菌生产中禁止使用的农药目录，需从其规定。	

附 录 B

（资料性附录）

食用菌生产场所常用消毒剂及使用方法

食用菌生产场所常用消毒剂及使用方法见表 B.1。

表 B.1 食用菌生产场所常用消毒剂及使用方法

名 称	使用方法	适用对象
乙醇	75%，浸泡或涂擦	接种工具、子实体表面、接种台、菌种外包装、接种人员的手等
紫外灯	直接照射，紫外灯与被照射物距离不超过 1.5 m，每次 30 min 以上	接种箱、接种台等，不应对菌种进行紫外照射消毒
	直接照射，离地面 2 m 的 30 W 灯可照射 9 m² 房间，每天照射 2 h～3 h	接种室、冷却室等，不应对菌种进行紫外照射消毒
高锰酸钾/甲醛	高锰酸钾 5 g/m³ ＋ 37%甲醛溶液 10 mL/m³，加热熏蒸。密闭 24 h～36 h，开窗通风	培养室、无菌室、接种箱
高锰酸钾	0.1%～0.2%，涂擦	接种工具、子实体表面、接种台、菌种外包装等
酚皂液（来苏儿）	0.5 %～2%，喷雾	无菌室、接种箱、栽培房及床架
	1%～2%，涂擦	接种人员的手等皮肤
	3%，浸泡	接种器具
苯扎溴铵溶液（新洁尔灭）	0.25%～0.5%，浸泡、喷雾	接种人员的手等皮肤、培养室、无菌室、接种箱，不应用于器具消毒
漂白粉	1%，现用现配，喷雾	栽培房和床架
	10%，现用现配，浸泡	接种工具、菌种外包装等
硫酸铜/石灰	硫酸铜 1 g＋石灰 1 g＋水 100 g，现用现配，喷雾，涂擦	栽培房、床架

ICS 67.140.10
B 35

中华人民共和国农业行业标准

NY/T 2798.6—2015

无公害农产品
生产质量安全控制技术规范
第6部分：茶叶

2015-05-21 发布
2015-08-01 实施

中华人民共和国农业部 发布

前　言

NY/T 2798《无公害农产品　生产质量安全控制技术规范》为系列标准：
——第1部分：通则；
——第2部分：大田作物产品；
——第3部分：蔬菜；
——第4部分：水果；
——第5部分：食用菌；
——第6部分：茶叶；
——第7部分：家畜；
——第8部分：肉禽；
——第9部分：生鲜乳；
——第10部分：蜂产品；
——第11部分：鲜禽蛋；
——第12部分：畜禽屠宰；
——第13部分：养殖水产品。

本部分为NY/T 2798的第6部分。本部分应与第1部分结合使用。

本部分按照GB/T 1.1—2009给出的规则起草。

本部分由中华人民共和国农业部提出并归口。

本部分起草单位：农业部优质农产品开发服务中心、农业部农产品质量安全中心、中国农业科学院农业质量标准与检测技术研究所。

本部分主要起草人：刘玉国、郝文革、袁广义、黄魁建、王敏、廖超子、毛雪飞、张乐。

无公害农产品 生产质量安全控制技术规范
第6部分：茶叶

1 范围

本部分规定了无公害农产品茶叶生产质量安全控制的基本要求,包括茶园环境、茶树种苗、肥料使用、病虫草害防治、耕作与修剪、鲜叶管理、茶叶加工、包装标识与产品贮运等环节关键点的质量安全控制技术措施。

本部分适用于无公害农产品 茶叶的生产、管理和认证。

2 规范性引用文件

下列文件对于本文件的应用是必不可少的。凡是注日期的引用文件,仅注日期的版本适用于本文件。凡是不注日期的引用文件,其最新版本(包括所有的修改单)适用于本文件。

GB 7718 食品安全国家标准 预包装食品标签通则

GB 11767 茶树种苗

GB 14881 食品安全国家标准 食品生产通用卫生规范

NY/T 496 肥料合理使用准则 通则

NY/T 853 茶叶产地环境技术条件

NY/T 1276 农药安全使用规范 总则

NY/T 2798.1 无公害农产品 生产质量安全控制技术规范 第1部分:通则

茶叶生产许可证审查细则

3 控制技术及要求

3.1 茶园环境

序号	关键点	主要风险因子	控制措施
3.1.1	土壤、环境空气、灌溉水	重金属、农药残留、大气污染物、氟化物	a) 产地周边环境及产区条件应符合应满足 NY/T 2798.1 中的相关要求 b) 茶园与主干公路和农田等的边界设立缓冲带、隔离沟、林带或物理障碍区,隔离带应有一定的宽度 c) 茶园土壤质量、空气质量、灌溉水质量符合 NY/T 853 的规定

3.2 茶树种苗

序号	关键点	主要风险因子	控制措施
3.2.1	种苗选择	检疫性病害	a) 选择适应当地气候条件、土壤类型和所制茶类品种适宜的种苗,合理搭配早、中、晚生品种 b) 穗条或苗木调运前应按国家有关规定进行检疫。穗条、苗木应符合 GB 11767 的相关规定

3.3 肥料使用

序号	关键点	主要风险因子	控制措施
3.3.1	采购与贮存	混合污染、劣变	肥料采购与贮存应符合 NY/T 2798.1 的相关规定
3.3.2	施肥	重金属、有害微生物	a) 肥料施用应满足 NY/T 496 的规定 b) 选用经渥(沤)堆等无害化处理的农家肥 c) 根据土壤性状、茶树长势、预计产量、生产茶类和气候等条件,确定合理的肥料种类、数量和施肥时间,宜实施茶园测土配方施肥 d) 填写并保存肥料使用记录。肥料使用记录至少应包括施肥茶园地块、施肥日期、施用量、施肥方法、操作人员等内容

3.4 病虫草害防治

序号	关键点	主要风险因子	控制措施
3.4.1	农药采购与贮存	禁止使用农药、隐性成分	农药采购与贮存应符合 NY/T 2798.1 的相关规定
3.4.2	农药使用	农药残留	a) 不应使用国家明文规定在茶叶上禁止使用的农药。国家禁止在茶叶上使用的农药名单见附录 A b) 优先采用农业防治、物理防治、生物防治措施,减少化学农药的使用 c) 应按照农药标签规定的防治对象、使用方法、施药适期和注意事项等要求施用农药 d) 施药器械应符合国家相关规定。使用前清洗干净,防止交叉污染 e) 施药操作人员做好防护,防止农药中毒 f) 对剩余农药、清洗废液、农药包装容器等废弃物,应按照 NY/T 1276 的规定,及时进行安全处置 g) 填写并保存农药使用记录。农药使用记录至少应包括农药产品名称、登记证号、施药地块、施药日期、防治对象、施药方法、使用量、施药人员等内容

3.5 耕作与修剪

序号	关键点	主要风险因子	控制措施
3.5.1	茶园耕作	覆盖材料污染、病虫草害、燃油污染	a) 结合施肥,合理耕锄,改良土壤,培养树冠,提高茶树抗病虫害能力 b) 耕作机具应保持良好的状态,防止污染茶树
3.5.2	茶树修剪	病虫害、燃油污染	a) 根据茶树的树龄、长势和修剪目的,分别采用定型修剪、轻修剪、深修剪、重修剪和台刈等方法,培养优化型树冠、保持或恢复树势 b) 对重修剪和台刈改造的茶园清理树冠,宜使用波尔多液等喷施枝干,防治苔藓,防止剪口病菌感染等 c) 修剪机具应保持良好的状态,使用时防止污染茶树

3.6 鲜叶管理

序号	关键点	主要风险因子	控制措施
3.6.1	鲜叶采摘	农药残留、非茶类夹杂物	a) 严格遵守使用农药的安全间隔期规定 b) 保持芽叶完整、新鲜、匀净,不应含有非茶类物质 c) 采茶机械使用无铅汽油
3.6.2	鲜叶贮运	灰尘污染、劣变	a) 采用清洁、通风性良好的器具,如竹编、网眼茶篮或篓筐等盛装鲜叶,不应使用化肥、农药等包装物盛装鲜叶 b) 采摘的鲜叶及时运抵茶厂进行加工,防止鲜叶质变和混入有毒、有害物质。鲜叶禁止直接摊放在地面

3.7 茶叶加工

序号	关键点	主要风险因子	控制措施
3.7.1	厂区环境	有害(有毒)气体、废水、废弃物、有害微生物、重金属、农药残留污染	a) 厂区周围无粉尘、烟尘、有害气体、放射性物质和其他扩散性污染源;离开经常喷洒农药的农田100 m以上,离开交通主干道20 m以上 b) 厂区内道路、地面养护良好,无严重积水,不扬尘
3.7.2	厂房及设施	有害(有毒)气体、废水、废弃物、有害微生物、重金属	a) 厂房内各项设施随时保持清洁,定期对厂房设施进行维护、保养和检修,及时维修、更新 b) 加工区应与办公区、居住区分开隔离 c) 厂区应有废弃物的收集、处理设施、更衣室,人员进入设有缓冲区或消毒间,厂房相对封闭
3.7.3	设备	有害微生物、外来杂物、重金属	a) 定期清洁加工设备、工具、器具和加工用管道,必要时进行清洗、消毒 b) 每次茶叶加工结束后,对使用过的设备、工具、器具应进行全面清洁 c) 确保设备、工具、器具与茶叶的接触面材料应满足食品级要求 d) 设备直接接触茶叶的部件,不应使用铅锑合金、铅青铜、锰黄铜等材料制造
3.7.4	人员	有害微生物、外来杂物	a) 从业人员经体检合格后方可上岗,每年至少进行一次健康检查 b) 茶叶生产操作、验收人员应保持良好的个人卫生 c) 上岗前应洗手消毒,不应有碍食品卫生的行为 d) 不应穿工作服上洗手间
3.7.5	生产过程与质量管理	有害微生物、重金属、外来杂物	a) 茶叶加工应符合GB 14881的规定 b) 严格执行《茶叶生产许可证审查细则》中的相关规定 c) 制定与执行《生产操作规程》、《质量管理手册》 d) 定期检修生产设备,并做好维修记录 e) 跟踪质量记录表、生产记录表等管理报表,及时掌握生产过程中每道工序的质量情况,以便于事后追溯 f) 每批成品茶叶入库前应有检验记录和入库记录,不合格的应直接予以适当处理,应保持处理记录

3.8 包装标识与产品贮运

序号	关键点	主要风险因子	控制措施
3.8.1	包装标识	微生物、有毒(有害)物、外来杂物	a) 包装应符合GB 7718的相关规定 b) 直接接触茶叶的包装材料应是食品级的 c) 包装容器应清洁、干燥、无毒、无异味,包装物完好、无破损 d) 包装过程中茶叶产品不应直接接触地面,工作台面清洁
3.8.2	贮藏与运输	微生物、有毒(有害)物	a) 贮存茶叶应有专用仓库,仓库内清洁、干燥、无异味;有良好的避光、防潮、封闭功能,具有防火、防虫、防蝇、防鼠设施。不应堆放其他物品 b) 装运茶叶的运输工具应保持干燥、清洁、无异味、无污染;不应将茶叶与化肥、农药及任何有毒、有害、有异味的物品一起混运

附　录　A

（规范性附录）

国家禁止在茶叶生产中使用的农药目录

国家禁止在茶叶生产中使用的农药目录见表 A.1。

表 A.1　国家禁止在茶叶生产中使用的农药目录

类　别	名　称
有机氯类	六六六、滴滴涕、毒杀芬、艾氏剂、狄氏剂、硫丹、三氯杀螨醇
有机磷类	甲胺磷、甲基对硫磷、对硫磷、久效磷、磷胺、甲拌磷、甲基异柳磷、特丁硫磷、甲基硫环磷、治螟磷、内吸磷、克百威、涕灭威、灭线磷、硫环磷、蝇毒磷、地虫硫磷、氯唑磷、苯线磷、磷化钙、磷化镁、磷化锌
有机氮类	杀虫脒、敌枯双
氨基甲酸酯类	克百威、涕灭威、灭多威
拟除虫菊酯类	氰戊菊酯
除草剂类	除草醚、氯磺隆（2015 年 12 月 31 日起）、胺苯磺隆单剂（2015 年 12 月 31 日起）、胺苯磺隆复配制剂（2017 年 7 月 1 日起）、甲磺隆单剂（2015 年 12 月 31 日起）、甲磺隆复配制剂（2017 年 7 月 1 日起）
其他	二溴氯丙烷、二溴乙烷、汞制剂、砷类、铅类、氟乙酰胺、甘氟、毒鼠强、氟乙酸钠、毒鼠硅、氟虫腈、福美胂和福美甲胂（2015 年 12 月 31 日起）

注：以上为截至 2014 年 6 月 15 日国家公告禁止在茶叶生产中使用的农药目录。之后国家新公告的在茶叶生产中禁止使用的农药目录，需从其规定。

ICS 65.020.30
B 43

中华人民共和国农业行业标准

NY/T 2798.7—2015

无公害农产品
生产质量安全控制技术规范
第7部分:家畜

2015-05-21 发布   2015-08-01 实施

中华人民共和国农业部 发布

前　言

NY/T 2798《无公害农产品　生产质量安全控制技术规范》为系列标准：
——第1部分:通则；
——第2部分:大田作物产品；
——第3部分:蔬菜；
——第4部分:水果；
——第5部分:食用菌；
——第6部分:茶叶；
——第7部分:家畜；
——第8部分:肉禽；
——第9部分:生鲜乳；
——第10部分:蜂产品；
——第11部分:鲜禽蛋；
——第12部分:畜禽屠宰；
——第13部分:养殖水产品。
本部分为 NY/T 2798 的第7部分。本部分应与第1部分结合使用。
本部分按照 GB/T 1.1—2009 给出的规则起草。
本部分由中华人民共和国农业部提出并归口。
本部分起草单位:全国畜牧总站、农业部农产品质量安全中心、中国检验认证集团检验有限公司。
本部分主要起草人:王树君、于福清、林剑波、丁保华、武玉波、刘彬、王荃、赵小丽、白玲、王宇萍、杨芳、张良、钱琳刚、孙海艳。

无公害农产品　生产质量安全控制技术规范
第7部分：家畜

1 范围

本部分规定了无公害家畜饲养的场址和设施、家畜引进、饮用水、饲料、兽药、饲养管理、疫病防治、无害化处理和记录等质量安全控制的技术要求。

本部分适用于无公害农产品猪、肉牛、肉羊、肉兔的生产、管理和认证；以产肉为主的其他家畜品种也可参照执行。

2 规范性引用文件

下列文件对于本文件的应用是必不可少的。凡是注日期的引用文件，仅注日期的版本适用于本文件。凡是不注日期的引用文件，其最新版本（包括所有的修改单）适用于本文件。

GB 13078　饲料卫生标准

GB/T 16569　畜禽产品消毒规范

GB 18596　畜禽养殖业污染物排放标准

NY/T 388　畜禽场环境质量标准

NY/T 1168　畜禽粪便无害化处理技术规范

NY 5027　无公害食品　畜禽饮用水水质

NY 5030　无公害食品　畜禽饲养兽药使用准则

农业部公告第193号　关于发布《食品动物禁用的兽药及其他化合物清单》的通知

农业部公告第1519号　禁止在饲料和动物饮水中使用的物质名单

农业部、卫生部、国家药品监督管理局公告第176号　禁止在饲料和动物饮用水中使用的药物品种目录

农医发〔2013〕34号　农业部关于印发《病死动物无害化处理技术规范》的通知

3 控制技术及要求

3.1 场址和设施

序号	关键点	主要风险因子	控制措施
3.1.1	选址	致病微生物、废弃物	a) 场址选择应符合国家法律、法规的有关规定，符合家畜养殖所在地的土地利用总体规划 b) 距离生活饮用水源地、动物屠宰加工场所、动物和动物产品集贸市场500 m以上；距离种畜禽场1 000 m以上；与其他畜禽养殖场（养殖小区）之间距离不少于500 m；距离动物隔离场所、无害化处理场所3 000 m以上 c) 距离城镇居民区、文化教育科研等人口集中区域及公路、铁路等主要交通干线500 m以上 d) 距离化工厂、矿厂1 000 m以上 e) 养殖场环境质量应符合NY/T 388的要求，水质应符合NY 5027的要求

（续）

序号	关键点	主要风险因子	控制措施
3.1.2	布局	致病微生物	a） 家畜养殖场区建筑整体布局合理，便于防疫和防火 b） 养殖场区应设生活管理区、养殖区、隔离饲养区、粪污处理区，各区之间应相对隔离 c） 生产区应在生活管理区主导风向的下风向或者侧风向，兽医室、隔离饲养区、粪污处理区应在生产区的下风向或者侧风向 d） 养殖场区应分设净道和污道，互不交叉
3.1.3	设施设备	致病微生物、有毒有害物质	a） 养殖场区周围应建有隔离设施 b） 养殖场入口处应设置能满足进出车辆消毒要求的消毒设施设备，生产区入口应设置更衣室和消毒间，并配备安全有效的消毒设备，每栋圈舍入口处应有消毒设备 c） 圈舍应有良好的采食、饮水、采光、通风、控温、集污以及防鼠等设施设备 d） 应配有兽药、疫苗冷冻（冷藏）贮存专用设施设备 e） 应有兽医室、相对独立的家畜隔离舍和患病家畜隔离舍。肉牛养殖场应有保定设备 f） 应有与生产规模相适应的病死畜、废弃物等无害化处理设施设备

3.2 家畜引进

序号	关键点	主要风险因子	控制措施
3.2.1	检疫	致病微生物	a） 引进种畜应从具有畜牧兽医主管部门核发的种畜禽生产经营许可证种畜场引进，或经农业部批准直接从国外引进 b） 引进的家畜应经产地动物卫生监督机构检疫合格，具有动物检疫合格证明 c） 家畜引进后应隔离饲养，经引入地动物卫生监督机构检查合格后，方可入场饲养

3.3 饮用水

序号	关键点	主要风险因子	控制措施
3.3.1	饮用水	致病微生物、重金属	a） 应定期检测家畜饮用水质量状况，家畜饮用水质量应符合 NY 5027 的要求 b） 应选用国家许可使用的动物饮用水消毒净化剂 c） 供水、饮水设施设备应定期消毒清洗，并保持清洁卫生 d） 供水、饮水设施设备及其表面涂料应对家畜无毒无害，符合国家有关规定和产品质量要求 e） 不应在家畜饮用水中添加农业部公告第 176 号和农业部公告第 1519 号列出的药品和物质，以及国务院行政主管部门公布的其他禁用物质和对人体具有直接或者潜在危害的其他物质

3.4 饲料

序号	关键点	主要风险因子	控制措施
3.4.1	购买	违禁添加物、重金属、生物毒素	a） 除原粮和粗饲料外，应从有农业行政主管部门核发的饲料生产许可证的生产企业或饲料经营单位购买饲料和饲料添加剂产品 b） 购买的饲料原料、饲料添加剂和药物饲料添加剂应在国务院农业行政主管部门公布的《饲料原料目录》、《饲料添加剂品种目录》和《饲料药物添加剂使用规范》范围内 c） 进货时应查验饲料和饲料添加剂产品标签、产品质量检验合格证和相应的许可证明文件 d） 购买的饲料和饲料添加剂的质量应符合 GB 13078 的规定和产品质量标准，必要时可进行抽检验证

（续）

序号	关键点	主要风险因子	控制措施
3.4.2	使用	违禁添加物、重金属、生物毒素	a) 应执行《饲料和饲料添加剂管理条例》及其配套规章的规定,使用的饲料产品符合 GB13078 的规定和其产品质量标准 b) 应按照饲料标签规定的产品使用说明和注意事项使用饲料,应遵守农业行政主管部门制定的饲料添加剂安全使用规范和药物饲料添加剂使用规范 c) 不应在反刍家畜饲料中添加除乳和乳制品以外的动物源性成分 d) 不应在饲料中添加农业部公告第 176 号和农业部公告第 1519 号列出的药品和物质,以及农业行政主管部门公布的其他禁用物质和对人体具有直接或者潜在危害的其他物质
3.4.3	贮存运输	交叉污染、变质、鼠虫害	a) 应有专门贮存和运输饲料的设施设备,定期清洗消毒,保持清洁卫生 b) 饲料应贮存在干燥、阴凉的地方。冬季时,应防止家畜日粮冻结 c) 青贮饲料可用防老化的双层塑料布覆盖密封,不漏气、不渗水,塑料布表面应覆盖压实 d) 饲料库房及配料库中的不同类饲料应分类存放,标示清楚,本着"先进先出"的原则管理使用 e) 添加兽药或药物饲料添加剂的饲料与其他饲料应分开贮藏,防止交叉污染 f) 应采取措施控制啮齿类动物和虫害,防止污染饲草料

3.5 兽药

序号	关键点	主要风险因子	控制措施
3.5.1	购买	禁用兽药	a) 从具有国家许可资质的生产经营单位购买兽药,包括取得农业行政主管部门核发的兽药生产许可证、兽药 GMP 证书的生产企业,取得经营许可的兽药经营单位和取得进口兽药登记许可的供应商 b) 购买时应查验兽药生产经营单位的许可证明文件,查验产品证明文件,包括兽药批准文号、进口兽药注册证书、产品质量标准、使用说明书等 c) 产品质量应符合《中华人民共和国兽药典》等兽药标准规定。必要时进行抽检验证 d) 交货时应查验证件是否齐全、有效,包装是否完整无损 e) 不应购买国家兽医主管部门公布的禁用兽药
3.5.2	使用	禁用物质、药物残留	a) 应尽量不用或者少用药物,兽药使用准则应遵循 NY 5030 的有关规定 b) 应在兽医指导下用药预防、治疗和诊断家畜疾病,且按照产品说明书或者兽医处方用药 c) 有休药期规定的,应执行休药期规定 d) 不应使用变质、过期、假劣质兽药,不应使用未经农业行政主管部门批准作为兽药使用的药品 e) 不应将兽药原料药直接用于家畜或添加到家畜引用水中,不应将人用药用于家畜,不应使用激素和治疗用的兽药作为家畜促生长剂 f) 不应使用农业部公告第 193 号中列出的药品和物质,不应使用国家兽医主管部门规定禁止使用的药品和其他化合物 g) 应执行《兽药管理条例》的其他规定

（续）

序号	关键点	主要风险因子	控制措施
3.5.3	贮存运输	交叉污染、变质失效	a) 药房、药品柜等专用贮存设施设备应由专人管理,有醒目标记,有安全保护措施 b) 不同类别兽药应分类贮存 c) 应按照产品标签、说明书的规定贮存、运输兽药

3.6 饲养管理

序号	关键点	主要风险因子	控制措施
3.6.1	饲养人员	致病微生物	a) 饲养人员应定期进行健康检查,经检查合格后方可上岗 b) 患有人畜共患病、传染性疾病等的人员患病期间不应从事家畜饲养工作 c) 饲养人员应经专业培训,具备必要的动物防疫、兽药安全使用、病害动物及产品生物安全处理以及自身防护知识
3.6.2	饲养条件	致病微生物、有害气体、应激	a) 应采取"全进全出制"饲养工艺,可实行小单元分批饲养 b) 应保持适宜的饲养密度,并根据家畜的不同生长阶段和饲养方式适当调整饲养密度 c) 应采取自然通风或人工通风措施,圈舍通风良好,舍内空气质量应符合 NY/T 388 的要求 d) 应采取必要措施,圈舍内温度、湿度应能满足家畜生产需要 e) 圈舍地面应防止打滑 f) 同一养殖场内不应混养其他种类的家畜 g) 饲养过程中,应避免采取导致家畜伤害和疾病发生的管理方式
3.6.3	标识	免疫安全	a) 应按照《畜禽标识和畜禽养殖档案管理办法》加施家畜免疫标识 b) 标识严重磨损、破损、脱落后,应当及时加施新标识,并在养殖档案中记录新标识编码 c) 建立家畜唯一识别码和有效运行的追溯制度,所有家畜应能被单独或者批次识别
3.6.4	有害生物防控	致病微生物、有害动物	a) 应在养殖场区和圈舍周围采取保护措施,减少啮齿类动物和鸟类侵入 b) 投放灭鼠药等诱饵应定时、定点,诱饵投放位置应避免家畜接近,做好诱饵投放示意图和记录

3.7 疫病防控

序号	关键点	主要风险因子	控制措施
3.7.1	消毒	致病微生物	a) 根据当地生产实际制定卫生消毒制度,可参照 GB/T 16569 b) 家畜养殖场和圈舍出入口的消毒设施设备应运行良好、安全有效 c) 对家畜养殖场周围、圈舍环境、料槽和水槽等饲养用具应进行清扫和消毒,保持养殖环境清洁卫生 d) 及时更换养殖场和圈舍出入口的消毒液,保持有效消毒浓度 e) 选择国家批准使用的、符合产品质量标准的消毒药,不宜长期使用一种消毒药。带畜消毒时,应尽量选择刺激性低的消毒药 f) 家畜转群或出栏后,应对畜舍、运动场和通道进行清扫消毒,保持圈舍清洁卫生 g) 对进出养殖场车辆进行消毒

（续）

序号	关键点	主要风险因子	控制措施
3.7.2	免疫接种	致病微生物	a) 应执行《中华人民共和国动物防疫法》及配套法规的要求,结合当地实际制定并实施符合自身要求的免疫程序和免疫计划 b) 应按照免疫程序和疫苗说明书进行预防免疫接种,做到应免尽免。要求实施强制免疫的疫病,免疫密度应达到100% c) 使用疫苗前,应仔细检查疫苗外观质量,确保疫苗在有效期内 d) 猪、牛、羊等家畜免疫应"一畜一针头",防止交叉感染 e) 定期对免疫效果进行监测,发现免疫失败应及时进行补免或强化免疫
3.7.3	疫病监测	致病微生物	结合当地实际情况制订家畜疫病监测方案,并开展场内疫病监测。积极配合动物防疫监督机构进行疫病监测
3.7.4	卫生防疫	致病微生物	a) 结合当地实际情况制定卫生防疫制度 b) 非生产人员不应擅自进入生产区。进入生产区人员应穿戴工作服,经消毒、洗手后方可入场,并遵守场内防疫制度 c) 不同畜舍的饲养员不串岗,不交叉使用工具,不应将同一畜种的活畜及生鲜产品带入养殖场区 d) 本场的兽医、配种员不应对外开展诊疗、配种业务 e) 当发生疑似传染病或附近养殖场出现传染病时,应立即采取隔离和其他应急防控措施
3.7.5	药浴驱虫	寄生虫、药物残留	a) 选择农业行政主管部门批准使用的驱虫药 b) 按照产品使用说明书正确用药,并观察用药效果 c) 有休药期要求的,应执行休药期规定
3.7.6	疫病控制和扑灭	致病微生物、兽药残留	a) 家畜发病时,应由执业兽医或当地动物疫病预防控制机构兽医实验室进行临床和实验室诊断,必要时送至省级实验室或国家指定的参考实验室进行确诊 b) 应在执业兽医指导下进行治疗,并按照3.5条款的规定使用兽药 c) 治疗用药期间和休药期内的家畜不应作为无公害农产品进行上市、屠宰 d) 在发生重大疫情时,应配合当地兽医机构实施的封锁、隔离、扑杀、销毁等扑灭措施,并对全场进行清洁消毒。消毒按GB/T 16569的规定执行

3.8 无害化处理

序号	关键点	主要风险因子	控制措施
3.8.1	粪污处理	环境污染	a) 应执行《畜禽规模养殖污染防治条例》的规定,遵循减量化、无害化、资源化和综合利用的原则 b) 应有与生产规模相适应的粪污处理设施设备,且运行维护良好 c) 应及时清除圈舍及运动场内的粪便、垫草、污物等 d) 家畜粪便无害化处理可按照NY/T 1168的要求进行。粪污排放应符合GB 18596的要求
3.8.2	病死家畜及其相关产品处理	致病微生物	a) 应按照农业部制定的《病死动物无害化处理技术规范》的要求及时处理病死家畜及相关产品 b) 应有受控的专用场所或者容器贮存病死家畜,该场所或者容器应易于清洗和消毒 c) 没有处理能力的养殖场(养殖小区),应与在登记注册的专业机构签订正式委托处理协议 d) 对废弃鼠药和毒死鼠、鸟等,应按照国家有关规定进行处理

（续）

序号	关键点	主要风险因子	控制措施
3.8.3	废弃物处理	环境污染	应及时收集过期、失效兽药以及使用过的药瓶、针头等一次性兽医用品,并按国家法律法规进行安全处理

3.9 家畜运输

序号	关键点	主要风险因子	控制措施
3.9.1	运输	致病微生物、应激	a) 装运猪、肉牛等家畜时,应有专门运输车辆和装卸台。装卸台应设置安全围栏,防滑,坡度适宜 b) 运输车辆和笼具使用前后应进行清洗和消毒 c) 运输时,家畜应有较舒适的空间,并保持良好的通风、饮水,防止阳光暴晒和雨雪直接冲淋,尽量减少应激 d) 装卸和运输过程中,不应使用棍棒等易引起家畜应激的设备,采取有效措施,尽量减少家畜应激 e) 运输时,应有家畜个体或者批次识别标识、检疫合格证、休药记录等文件 f) 不同畜种的家畜宜分开运输

3.10 记录要求

序号	记录事项	主要内容
3.10.1	家畜引进记录	记录引进家畜的相关情况,包括产地、养殖场名称、品种、数量、引进日期等
3.10.2	饲料记录	a) 记录并保存购买饲料时的主要信息,包括购买时间、名称、规格、数量、生产厂家、经营单位、产品批准文号、发票或收据、出入库数量、经办人等 b) 记录自配料的原料来源、配方、生产程序、生产数量、生产记录等资料
3.10.3	兽药记录	a) 记录并保存购买兽药时的主要信息,包括购买时间、名称、规格、数量、生产厂家、经营单位、产品批准文号、发票或收据、出入库数量、经办人等 b) 记录用药情况,包括家畜标识、发病时间及症状、预防或者治疗用药名称(通用名称及有效成分)、用药量、用药时间、休药期、兽医签字等
3.10.4	养殖记录	记录家畜圈舍号、饲养时间、存栏数、出栏补栏数、死淘数等
3.10.5	消毒记录	记录使用消毒剂的名称、用量、消毒方式、消毒日期、操作员等
3.10.6	免疫监测记录	记录日期、家畜标识、免疫数量、疫苗名称、疫病生产厂、批号、免疫方法、免疫剂量、具体免疫人员、监测效果等
3.10.7	疾病诊断与治疗记录	记录家畜发病时间、症状、诊断结论、治疗措施、日期、人员等
3.10.8	无害化处理记录	记录无害化处理的内容、家畜标识、数量、家畜及产品病害情况、处理方式、处理日期、处理单位及责任人等
3.10.9	销售记录	记录名称、数量、日期、价格、购买单位及联系人等内容

ICS 65.020.30
B 43

中华人民共和国农业行业标准

NY/T 2798.8—2015

无公害农产品
生产质量安全控制技术规范
第8部分：肉禽

2015-05-21 发布
2015-08-01 实施

中华人民共和国农业部 发布

前　言

NY/T 2798《无公害农产品　生产质量安全控制技术规范》为系列标准：
——第1部分:通则;
——第2部分:大田作物产品;
——第3部分:蔬菜;
——第4部分:水果;
——第5部分:食用菌;
——第6部分:茶叶;
——第7部分:家畜;
——第8部分:肉禽;
——第9部分:生鲜乳;
——第10部分:蜂产品;
——第11部分:鲜禽蛋;
——第12部分:畜禽屠宰;
——第13部分:养殖水产品。

本部分为NY/T 2798的第8部分。本部分应与第1部分结合使用。

本部分按照GB/T 1.1—2009给出的规则起草。

本部分由中华人民共和国农业部提出并归口。

本部分起草单位:全国畜牧总站、农业部农产品质量安全中心、中国农业科学院农业质量标准与检测技术研究所。

本部分主要起草人:刘彬、于福清、朱彧、王荃、林剑波、王树君、武玉波、汤晓艳、赵小丽、龚娅萍、熊文恺、王卫、郭兰秀。

无公害农产品 生产质量安全控制技术规范
第8部分：肉禽

1 范围

本部分规定了无公害肉禽饲养的场址环境选择、投入品使用、饲养管理、疫病防治、无害化处理和记录等质量安全控制技术及要求。

本部分适用于无公害农产品肉禽的生产、管理和认证。

2 规范性引用文件

下列文件对于本文件的应用是必不可少的。凡是注日期的引用文件，仅注日期的版本适用于本文件。凡是不注日期的引用文件，其最新版本（包括所有的修改单）适用于本文件。

GB 13078 饲料卫生标准

GB 16549 畜禽产地检疫规范

GB/T 16569 畜禽产品消毒规范

NY/T 388 畜禽场环境质量标准

NY/T 1168 畜禽粪便无害化处理技术规范

NY 5027 无公害食品 畜禽饮用水水质

NY 5030 无公害食品 畜禽饲养兽药使用准则

农业部公告第193号 关于发布《食品动物禁用的兽药及其他化合物清单》的通知

农业部公告第1519号 禁止在饲料和动物饮水中使用的物质名单

农业部、卫生部、国家药品监督管理局公告第176号 禁止在饲料和动物饮用水中使用的药物品种目录

农医发（2013）34号 农业部关于印发《病死动物无害化处理技术规范》的通知

3 控制技术及要求

3.1 产地环境

序号	关键点	主要风险因子	控制措施
3.1.1	场址	致病微生物有毒有害化合物重金属	a) 场址选择应符合国家法律、法规的有关规定，符合肉禽养殖所在地的土地利用总体规划 b) 应选择地势高燥、采光充足、排水良好、隔离条件好的区域 c) 距离生活饮用水源地、动物屠宰加工场所、动物和动物产品集贸市场500 m以上；距离种畜禽场1 000 m以上；与其他畜禽养殖场（养殖小区）之间距离不少于500 m；距离动物隔离场所、无害化处理场所3 000 m以上 d) 距离城镇居民区、文化教育科研等人口集中区域及公路、铁路等主要交通干线500 m以上 e) 距离化工厂、矿厂1 000 m以上 f) 空气质量应符合NY/T 388的要求

（续）

序号	关键点	主要风险因子	控制措施
3.1.2	布局	致病微生物	a) 肉禽场整体布局合理 b) 肉禽场内应分设生活管理区、生产区和粪污处理区,各区之间相对隔离,且有明确标识。生活管理区位于生产区的上风向,粪污处理区位于生产区的下风向 c) 肉禽场区内设污道与净道,互不交叉
3.1.3	设施设备	致病微生物有毒有害物质	a) 肉禽养殖场区周围应建有隔离设施 b) 场区入口处应设置与大门同宽、长度能满足进出车辆消毒要求的消毒池,养殖区域入口应设置更衣室和消毒间,并配备安全有效的消毒设备,每栋圈舍入口处应有消毒设备等措施,消毒设施设备运行维护良好 c) 禽舍地面和墙壁应便于清洗和消毒,不含有毒有害物质 d) 禽舍应具备良好的供水、排水、通风换气、照明、防鼠、防虫、防鸟设施及相应的清洗消毒设施设备 e) 应有与生产规模相适应的病死肉禽、废弃物等的无害化处理设施设备 f) 应配有兽药、疫苗冷冻(冷藏)贮存专用设施设备

3.2 肉禽引进

序号	关键点	主要风险因子	控制措施
3.2.1	来源	致病微生物	a) 肉禽应来源于具有种禽生产经营许可证的种禽场 b) 不应从禽病疫区引进肉禽
3.2.2	进场	致病微生物	a) 肉禽应经产地动物卫生监督机构检疫合格,达到 GB 16549 的要求,具有动物检疫合格证明 b) 同一栋舍饲养的肉禽应来源于同一种禽场相同批次的肉禽

3.3 饮用水

序号	关键点	主要风险因子	控制措施
3.3.1	水质	致病微生物、重金属	a) 应定期检测肉禽饮用水质量状况,肉禽饮用水质量应符合 NY 5027 的要求 b) 供水、饮水设施设备及其表面涂料应无毒无害,符合国家有关规定和产品质量要求 c) 不应在肉禽饮用水中添加农业部公告第 176 号和农业部公告第 1519 号列出的药品和物质,以及国务院行政主管部门公布的其他禁用物质和对人体具有直接或者潜在危害的其他物质
3.3.2	消毒	致病微生物	a) 饮水设施设备应定期清洗消毒,并保持清洁卫生 b) 应选用国家许可使用的动物饮用水消毒净化剂

3.4 饲料

序号	关键点	主要风险因子	控制措施
3.4.1	来源	违禁添加物、重金属、霉菌毒素	a) 应从有农业行政主管部门核发的饲料生产许可证的生产企业或饲料经营单位购买饲料和饲料添加剂产品 b) 购买的饲料原料、饲料添加剂和药物饲料添加剂应在国务院农业行政主管部门公布的《饲料原料目录》、《饲料添加剂品种目录》和《饲料药物添加剂使用规范》范围内

（续）

序号	关键点	主要风险因子	控制措施
3.4.2	来源	违禁添加物、重金属、霉菌毒素	c) 进货时,应查验饲料和饲料添加剂产品标签、产品质量检验合格证和相应的许可证明文件 d) 购买的饲料和饲料添加剂的质量应符合 GB 13078 的规定和产品质量标准,必要时可进行抽检验证
3.4.3	贮存	交叉污染、霉菌毒素	a) 应有专门贮存饲料的场所和运输饲料的设施设备,定期清洗消毒,保持清洁卫生 b) 饲料库房及配料库中的不同类饲料应分类存放,标示清楚 c) 库房应保持干燥 d) 加有兽药的饲料添加剂应分开贮藏,防止交叉污染
3.4.4	使用	兽药残留	a) 饲喂的饲料产品及其组成应在国家饲料主管部门颁布的《饲料原料目录》和《饲料添加剂品种目录》内 b) 饲喂的饲料产品应在保质期内,其卫生指标应符合 GB 13078 的规定,质量应符合产品质量标准 c) 应执行《饲料药物添加剂使用规范》,严格执行休药期规定 d) 配合饲料、浓缩饲料、添加剂预混合饲料使用应遵照饲料标签所规定的用法和用量

3.5 兽药

序号	关键点	主要风险因子	控制措施
3.5.1	来源	禁用兽药	a) 不应购买国家兽医主管部门公布的禁用兽药 b) 从具有国家许可资质的生产经营单位购买兽药,包括取得农业行政主管部门核发的兽药生产许可证、兽药 GMP 证书的生产企业,取得经营许可的兽药经营单位和取得进口兽药登记许可的供应商 c) 购买时,应查验兽药生产经营单位的许可证明文件,查验产品证明文件,包括兽药批准文号、进口兽药注册证书、产品质量标准、使用说明书等 d) 产品质量应符合《中华人民共和国兽药典》等兽药标准规定,必要时进行抽检验证 e) 交货时,应查验证件是否齐全、有效,包装是否完整无损
3.5.2	贮存	兽药品质、兽药污染	a) 药房、药品柜等专用贮存设施设备应由专人管理,有醒目标记,有安全保护措施 b) 不同类别兽药应分类贮存 c) 应按照产品标签、说明书的规定贮存、运输兽药
3.5.3	使用	兽药残留、禁用物质	a) 兽药使用应遵循 NY 5030 的有关规定 b) 应在兽医指导下用药,且按照产品说明书或者兽医处方用药 c) 有休药期规定的,应执行休药期规定 d) 不应使用变质、过期、假劣质兽药,不应使用未经农业行政主管部门批准作为兽药使用的药品 e) 不应将兽药原料药直接用于肉禽或添加到肉禽饮用水中,不应将人用药用于肉禽,不应使用激素和治疗用的兽药作为肉禽促生长剂 f) 不应使用农业部公告第 193 号中列出的药品和物质,不应使用国家兽医主管部门规定禁止使用的药品和其他化合物 g) 应执行《兽药管理条例》的其他规定

3.6 饲养管理

序号	关键点	主要风险因子	控制措施
3.6.1	饲养人员	致病微生物	a) 员工每年应进行一次健康检查,如患传染性疾病应及时在场外治疗 b) 进行自配料的养殖场,其相关岗位员工应具有一定的专业知识或经由专人指导 c) 参与免疫接种、卫生消毒的员工,应接受过专业的培训 d) 禽舍的饲养员应具备一定的自身防护常识
3.6.2	饲养条件	致病微生物、有毒有害气体	a) 宜采用地面平养、网上平养和笼养,以及适合肉禽生产的其他饲养方式 b) 应采用"全进全出"的饲养工艺 c) 地面平养应选择合适垫料,干燥松散、厚度足够 d) 禽舍内地面、垫料应保持干燥、清洁 e) 饲养密度应符合品种要求,应能保证肉禽的基本活动空间 f) 禽舍温湿度、通风、光照等环境参数应符合品种和生长阶段要求 g) 室外养殖方式的,肉禽养殖场的饲养密度、存栏量、饲料成分、屠宰的最小日龄应符合产品消费地肉禽的相关规定
3.6.3	鼠虫鸟害控制	致病微生物	a) 应保持禽舍内外环境卫生,消除杂草和水坑等蚊蝇孳生地,定期喷洒消毒药,消灭蚊蝇 b) 应定时、定点投放灭鼠药,控制啮齿类动物。及时收集死鼠和残余鼠药,做好无害化处理 c) 禽舍应安装防鸟网,防止鸟类侵入

3.7 疫病防治

序号	关键点	主要风险因子	控制措施
3.7.1	防疫	致病微生物、寄生虫	a) 养殖场应建立出入登记制度,非生产人员未经允许不得进入生产区 b) 不同禽舍的饲养员应不串岗,不交叉使用工具 c) 同一养禽场不得同时饲养其他禽类 d) 不应将非本场的禽类及其产品带入场区 e) 场内兽医不应开展对外诊疗业务 f) 当发生疑似传染病或附近养殖场出现传染病时,应立即采取隔离和其他应急防控措施
3.7.2	免疫	致病微生物	a) 应根据《中华人民共和国动物防疫法》及配套法规的要求,结合当地实际,制订符合养殖肉禽要求的免疫计划,做好预防接种工作 b) 国家兽医行政主管部门要求实施强制免疫的疫病,免疫密度应达到100% c) 加强疫苗管理,按照疫苗保存条件进行贮存和运输 d) 应按要求使用疫苗
3.7.3	卫生消毒	致病微生物	a) 进出肉禽养殖场及场内的车辆应进行清洗消毒 b) 应保持场区、禽舍、用具、水箱和饲料仓库的清洁卫生,有消毒制度 c) 场内应有洗手消毒设施设备,进场员工按要求进行消毒 d) 消毒药应轮换使用,不应长期使用单一品种的消毒药。消毒方法和程序参照 GB/T 16569 的要求执行
3.7.4	疫病监测	致病微生物	应依据《中华人民共和国动物防疫法》及其配套法规以及当地兽医行政管理部门有关要求,积极配合当地动物卫生监督机构或动物疫病预防控制机构进行定期或不定期的疫病监测、监督抽查、流行病学调查等工作

（续）

序号	关键点	主要风险因子	控制措施
3.7.5	疫病控制和扑灭	致病微生物、兽药残留	a) 肉禽发病时,应由执业兽医或当地动物疫病预防控制机构兽医实验室进行临床和实验室诊断。必要时,送至省级实验室或国家指定的参考实验室进行确诊 b) 应在执业兽医指导下进行治疗,并按照第3.5条款的规定使用兽药 c) 治疗用药期间和休药期内的肉禽不应作为无公害农产品进行上市、屠宰 d) 在发生重大疫情时,应配合当地兽医机构实施的封锁、隔离、扑杀、销毁等扑灭措施,并对全场进行清洁消毒。消毒按GB/T 16569的规定执行

3.8 无害化处理

序号	关键点	主要风险因子	控制措施
3.8.1	病死肉禽及其相关产品的处理	致病微生物	a) 应按照农业部制定的《病死动物无害化处理技术规范》的要求及时处理病死肉禽 b) 应有受控的专用场所或者容器贮存病死肉禽,该场所或者容器应易于清洗和消毒 c) 没有处理能力的养殖场(养殖小区),应与登记注册的专业机构签订正式委托处理协议 d) 对废弃鼠药和毒死鼠、鸟等,应照国家有关规定进行处理
3.8.2	粪污及废弃物处理	致病微生物	a) 应执行《畜禽规模养殖污染防治条例》的规定,遵循减量化、无害化、资源化和综合利用的原则 b) 应有与生产规模相适应的粪污处理设施设备,且运行维护良好 c) 应及时清除圈舍的粪便、污物等 d) 粪便无害化处理可按照NY/T 1168的要求进行 e) 应及时收集过期、失效兽药以及使用过的药瓶、针头等一次性兽医用品,并按国家法律法规进行安全处理

3.9 运输

序号	关键点	主要风险因子	控制措施
3.9.1	运输	致病微生物、应激	a) 运输工具使用前后,应进行清洗消毒 b) 运输时,肉禽应有舒适空间,保持良好的通风、饮水,防止阳光暴晒和雨雪冲淋,尽量减少应激

3.10 档案记录

序号	记录事项	控制措施
3.10.1	家禽引进记录	记录引进禽只的相关情况,包括产地、养殖场名称、品种、数量、引进日期等
3.10.2	饲料记录	a) 记录并保存购买饲料及饲料添加剂时的主要信息,包括购买时间、名称、规格、数量、生产厂家、经营单位、产品批准文号、发票或收据、出入库数量、经办人等 b) 记录自配料的配方、生产程序、生产数量、生产记录等资料

（续）

序号	记录事项	控制措施
3.10.3	兽药记录	a) 记录并保存购买兽药及药物添加剂时的主要信息，包括购买时间、名称、规格、数量、生产厂家、经营单位、产品批准文号、发票或收据、出入库数量、经办人等 b) 记录开始使用时间、停止使用时间、禽舍号、日（月）龄、数量、预防或治疗病名、兽药名称、剂量、用药方法、休药期、兽医签字等内容
3.10.4	生产记录	应包括禽舍号、日龄、变动时间、调入（数）、调出（数）、死淘（数）、存栏（数）等内容
3.10.5	消毒记录	应包括日期、消毒场所、消毒药名称、用药剂量、消毒方法、操作员签字等内容
3.10.6	免疫记录	应包括日期、禽舍号，免疫记录应包括日期、禽舍号、存栏数量、免疫数量、疫苗名称、疫苗生产厂、批号（有效期）、免疫方法、免疫剂量、操作员签字等内容
3.10.7	无害化处理记录	应包括日期、禽舍号、数量、处理或死亡原因、处理方法、处理单位（或责任人）等内容
3.10.8	产品销售记录	应包括日期、名称、日龄、数量、销往单位、休药期执行否、出栏前最后用药物时间等内容

ICS 67.120
B 45

中华人民共和国农业行业标准

NY/T 2798.9—2015

无公害农产品
生产质量安全控制技术规范
第9部分：生鲜乳

2015-05-21 发布
2015-08-01 实施

中华人民共和国农业部 发布

前　言

NY/T 2789《无公害农产品　生产质量安全控制技术规范》为系列标准：

——第1部分：通则；

——第2部分：大田作物产品；

——第3部分：蔬菜；

——第4部分：水果；

——第5部分：食用菌；

——第6部分：茶叶；

——第7部分：家畜；

——第8部分：肉禽；

——第9部分：生鲜乳；

——第10部分：蜂产品；

——第11部分：鲜禽蛋；

——第12部分：畜禽屠宰；

——第13部分：养殖水产品。

本部分为 NY/T 2798 的第9部分。本部分应与第1部分结合使用。

本部分按照 GB/T 1.1—2009 给出的规则起草。

本部分由中华人民共和国农业部提出并归口。

本部分起草单位：全国畜牧总站、农业部农产品质量安全中心、河北省畜牧兽医局。

本部分主要起草人：沙玉圣、魏占永、于福清、廖超子、王树君、武玉波、刘彬、王荃、赵小丽、温少辉、赵博伟、张春财、吴伟荣。

无公害农产品 生产质量安全控制技术规范
第9部分：生鲜乳

1 范围

本部分规定了无公害生鲜乳生产过程中产地环境、奶牛引进、饮用水、饲料、兽药、饲养管理、疫病防控、挤奶操作、贮存运输、无害化处理和记录等质量安全控制技术及要求。

本部分适用于无公害生鲜乳的生产、管理和认证。

2 规范性引用文件

下列文件对于本文件的应用是必不可少的。凡是注日期的引用文件，仅注日期的版本适用于本文件。凡是不注日期的引用文件，其最新版本（包括所有的修改单）适用于本文件。

GB 5749 生活饮用水卫生标准

GB/T 10942 散装乳冷藏罐

GB 13078 饲料卫生标准

GB 16567 种畜禽调运检疫技术规范

GB/T 16569 畜禽产品消毒规范

GB 18596 畜禽养殖业污染物排放标准

GB 19301 食品安全国家标准 生乳

NY/T 388 畜禽场环境质量标准

NY/T 1168 畜禽粪便无害化处理技术规范

NY 5030 无公害食品 畜禽饲养兽药使用准则

农业部公告第193号 关于发布《食品动物禁用的兽药及其他化合物清单》的通知

农业部公告第1519号 禁止在饲料和动物饮水中使用的物质名单

农业部、卫生部、国家药品监督管理局公告第176号 禁止在饲料和动物饮用水中使用的药物品种目录

农医发(2013)34号 农业部关于印发《病死动物无害化处理技术规范》的通知

3 术语和定义

下列术语和定义适用于本文件。

3.1

生鲜乳 raw milk

从符合国家有关要求的健康奶牛乳房中挤出的无任何成分改变的常乳。产犊后7 d的初乳、应用抗生素期间和休药期间的乳汁、变质乳不应作为生鲜乳。

4 控制技术及要求

4.1 产地环境

序号	关键点	主要风险因子	控制措施
4.1.1	选址	致病微生物、废弃物	a) 场址选择应符合国家法律、法规的有关规定,符合奶牛养殖场(小区)所在地土地利用规划 b) 距离生活饮用水源地、动物屠宰加工场所、动物和动物产品集贸市场500 m以上;距离种畜禽场1 000 m以上;与其他畜禽养殖场(养殖小区)之间距离不少于500 m;距离动物隔离场所、无害化处理场所3 000 m以上 c) 距离城镇居民区、文化教育科研等人口集中区域及公路、铁路等主要交通干线500 m以上 d) 距离化工厂、矿厂1 000 m以上 e) 场区地势平坦高燥、背风向阳、排水通畅,土质以沙壤土、沙土为宜 f) 水源充足,交通便利 g) 场区环境质量应符合NY/T 388的要求
4.1.2	布局	致病微生物、废弃物	a) 场区建筑整体布局合理,便于防疫和防火 b) 应设生活管理区、生产区、辅助生产区、粪污处理区和病畜隔离区,各区之间应相对隔离 c) 生活管理区建在场区主导风向的上风向和地势较高地段,并与生产区严格分开 d) 辅助生产区的干草库、饲料库、饲料加工调制车间、青贮窖应设在生产区边沿主导风向的下风向地势较高处 e) 生产区设在生活管理区主导风向的下风向位置,各牛舍之间应保持适当距离,布局整齐 f) 粪污处理区和病畜隔离区设在生产区外围主导风向的下风向地势较低处,应有单独通道,与生产区保持适当的距离 g) 场区内净道和污道应分开,互不交叉
4.1.3	设施设备	致病微生物、有毒有害物质	a) 场区周围应建有隔离设施 b) 场区入口处应设置能满足出进车辆消毒要求的消毒设施设备,生产区入口应设置更衣室和消毒间,并配备安全有效的消毒设备且运行维护良好 c) 牛舍地面稳固防滑,便于清洗消毒 d) 牛床应铺有清洁干燥的垫料或牛床垫 e) 运动场中央高,向四周方向有一定的缓坡或从靠近牛舍的一侧向外侧有一定的缓坡,具有良好的渗水性和弹性,易于保持干燥 f) 运动场四周应设有围栏。采用电围栏的牛场,围栏电流强度、电压等级不应对奶牛造成伤害 g) 应有消毒区、待挤区、挤奶厅、贮奶间、化验室、设备间、更衣室、办公室等挤奶配套设施 h) 应有与生产规模相适应的病死牛、废弃物等的无害化处理设施设备 i) 应配有兽药贮存专用设施设备 j) 应配备防暑降温、保温、通风和饮水设施设备,修蹄、浴蹄设备

4.2 奶牛引进

序号	关键点	主要风险因子	控制措施
4.2.1	检疫	致病微生物	a) 引进的奶牛来自非疫区并经输出地县级动物卫生监督机构按照GB 16567的规定进行检疫,合格后方可运输 b) 跨省引进奶牛前,应经输入地省级动物卫生监督机构审批后方可引种
4.2.2	运输	致病微生物、应激	a) 运输车辆运输前后应进行清洗和消毒 b) 奶牛运输时应有较舒适的空间,并保持良好的通风、饮水,防止阳光暴晒和雨雪直接冲淋,尽量减少应激 c) 运输途中不准在疫区车站、港口和机场填装饲草饲料、饮水和有关物质,押运员应经常观察奶牛健康状况,发现异常应及时与当地动物卫生监督机构联系,按有关规定处理

（续）

序号	关键点	主要风险因子	控制措施
4.2.3	隔离饲养	致病微生物	奶牛引进后隔离观察至少 45 d,经当地动物卫生监督机构检查确定健康合格后,方可并群饲养

4.3 饮用水

序号	关键点	主要风险因子	控制措施
4.3.1	水质	致病微生物、重金属	应定期检测奶牛饮用水质量状况,水质符合 GB 5749 的规定
4.3.2	消毒	致病微生物	a) 饮水消毒应符合国家有关规定,选用国家许可使用的消毒剂 b) 应定期清洗和消毒供水、饮水设施设备,并保持清洁卫生

4.4 饲料

序号	关键点	主要风险因子	控制措施
4.4.1	购买	动物源性饲料违禁添加物、生物毒素、重金属	a) 除原粮和粗饲料外,应从有农业行政主管部门核发的饲料生产许可证的生产企业或饲料经营单位购买饲料和饲料添加剂产品 b) 购买的饲料原料、饲料添加剂和药物饲料添加剂应在国务院农业行政主管部门公布的《饲料原料目录》、《饲料添加剂品种目录》和《饲料药物添加剂使用规范》范围内 c) 进货时应查验饲料和饲料添加剂产品标签、产品质量检验合格证和相应的许可证明文件 d) 购买的饲料和饲料添加剂的质量应符合 GB 13078 的规定和其产品质量标准,必要时进行抽检验证 e) 购买的饲料中不应含有除乳制品外的其他动物源性饲料原料成分 f) 购买的饲草来自非疫区
4.4.2	贮存	交叉污染、生物毒素、鼠虫害	a) 应有专门贮存和运输饲料的设施设备,定期清洗消毒,保持清洁卫生 b) 饲料应贮存在干燥、阴凉的地方,应防雨、防潮、防火、防冻、防霉变 c) 青贮饲料可用防老化的双层塑料布覆盖密封,不漏气、不渗水,塑料布表面需覆盖压实 d) 牧草收割后应及时晾晒,当牧草的水分降到 15% 以下时及时打捆并放入棚内贮藏 e) 饲料库房及配料库中不同类饲料应分类存放,标示清楚,本着"先进先出"的原则管理使用 f) 添加兽药或药物饲料添加剂的饲料与其他饲料应分开贮藏,防止交叉污染 g) 应采取措施控制啮齿类动物和虫害,防止污染饲草料
4.4.3	生产使用	动物源性饲料、违禁添加物、生物毒素、重金属	a) 应执行《饲料和饲料添加剂管理条例》及其配套规章的规定,使用的饲料产品符合 GB 13078 的规定和其产品质量标准,不应饲喂可使生鲜乳产生异味的饲料 b) 应按照饲料标签规定的产品使用说明和注意事项使用饲料,应遵守农业行政主管部门制定的饲料添加剂安全使用规范和药物饲料添加剂使用规范 c) 不应在饲料中添加除乳和乳制品外的其他动物源性饲料原料 d) 不应在饲料中添加农业部公告第 176 号和农业部公告第 1519 号列出的药品和物质,以及农业行政主管部门公布的其他禁用物质和对人体具有直接或者潜在危害的其他物质 e) 青贮饲料取用时,应根据饲养奶牛的数量和采食量决定开口大小。开口应尽量小,每次取用完毕后,摊平表面,用塑料薄膜盖好 f) 青绿饲料应保证新鲜干净,防止有机农药、亚硝酸盐和氢氰酸中毒 g) 定期抽查饲料原料和饲料产品质量,每批次饲料原料和饲料产品均应留样,并保留至该批产品保质期满后 3 个月

4.5 兽药

序号	关键点	主要风险因子	控制措施
4.5.1	购买	禁用兽药、违禁添加物	a) 从具有国家许可资质的生产经营单位购买兽药,包括取得农业行政主管部门核发的兽药生产许可证、兽药GMP证书的生产企业,取得经营许可的兽药经营单位和取得进口兽药登记许可的供应商 b) 购买时,应查验兽药生产企业和经营单位的许可证明文件、兽药批准文号、进口兽药注册证书、产品质量标准和使用说明书等 c) 产品质量应符合《中华人民共和国兽药典》等兽药标准规定。必要时进行抽检验证 d) 交货时,应查验证件是否齐全、有效,包装是否完整无损 e) 不应购买国家农业行政主管部门公布的禁用兽药
4.5.2	贮存	交叉污染、变质失效	a) 药房、药品柜等专用贮存设施设备应由专人管理,有醒目标记,有安全保护措施 b) 不同类别兽药应分类贮存 c) 应按照产品标签、说明书的规定贮存、运输兽药
4.5.3	使用	禁用物质、兽药残留	a) 兽药使用应在兽医指导下用药 b) 所用兽药应符合《兽药管理条例》的规定,遵守《中华人民共和国兽药典》和国家农业行政主管部门制定的兽药安全使用规定 c) 按照NY 5030的规定使用兽药,有休药期规定的兽药应执行休药期规定 d) 应凭兽医处方使用《兽药处方药品种目录》内的兽药 e) 不应使用农业部公告第193号中列出的药品和物质,不应使用国家兽医主管部门规定禁止使用的药品和其他化合物 f) 不应使用兽药原料药和人用药品 g) 泌乳期奶牛不应使用泌乳期禁用的兽药

4.6 饲养管理

序号	关键点	主要风险因子	控制措施
4.6.1	人员要求	人畜共患病	a) 员工每年应进行一次健康检查,如患传染性疾病应及时场外治疗 b) 新员工应经健康检查,确认无结核病、布鲁氏菌病及其他传染病 c) 患有下列疾病之一者,不应从事饲草饲料收购、加工、饲养和挤奶工作: 　1) 痢疾、伤寒、弯曲杆菌、病毒性肝炎等消化道传染病 　2) 活动性肺结核、布鲁氏菌病 　3) 化脓性或渗出性皮肤病 　4) 其他有碍食品卫生、人畜共患的疾病等 d) 饲养人员应具备一定的自身防护常识
4.6.2	饲养管理	致病微生物	a) 宜采用"自繁自养"的方式 b) 规模奶牛场犊牛群、育成牛群、青年牛群、泌乳牛群、干奶牛群等应分群散放饲养,自由采食 c) 饲喂时不堆槽、不空槽,不喂发霉变质和冰冻的饲料。捡出饲料中的异物,保持饲槽清洁卫生 d) 运动场设食盐、矿物质补饲槽(或使用矿物质舔砖)和饮水槽,保证充足的新鲜、清洁饮水,冬季不应饮用冰水 e) 粪便、垫料等污物及时清扫干净,保持环境卫生 f) 及时清除杂草和水坑等蚊蝇孳生地,定期喷洒消毒药物或在牛场外围设诱杀点,消灭蚊蝇 g) 定时、定点投放灭鼠药,及时收集死鼠和残余鼠药,做好无害化处理 h) 定期巡查奶牛及设备状况,异常情况及时处理,避免奶牛损伤
4.6.3	标识	免疫安全	a) 应按照《畜禽标识和畜禽养殖档案管理办法》对奶牛加以标识 b) 建立奶牛唯一识别码和有效运行的追溯制度,确保所有奶牛能被单独识别

4.7 疫病防控

序号	关键点	主要风险因子	控制措施
4.7.1	卫生防疫	致病微生物	a) 应按照《中华人民共和国动物防疫法》及其配套法规的要求,贯彻"预防为主"的方针,净化奶牛主要人畜共患病,防止疫病的传入或发生,控制奶牛传染病和寄生虫病的传播 b) 建立出入登记制度,非生产人员未经许可不应进入生产区 c) 进入生产区人员应穿戴工作服,经消毒、洗手后方可入场,并遵守场内防疫制度 d) 场内不应饲养其他畜禽 e) 不应将生鲜牛肉及其副产品带入场内 f) 本场兽医不应对外开展诊疗业务,配种员不应对外开展配种业务 g) 当奶牛发生疑似传染病或附近养殖场出现传染病时,应立即采取隔离和其他应急防控措施
4.7.2	免疫接种	致病微生物	a) 结合当地实际制定并实施符合自身要求的免疫程序和免疫计划,对口蹄疫和有选择的疫病进行预防接种 b) 按照疫苗产品说明书要求进行免疫接种,奶牛群体口蹄疫免疫密度常年维持在90%以上,其中应免奶牛免疫密度应达到100% c) 使用疫苗前,应仔细检查疫苗外观质量,确保疫苗在有效期内 d) 免疫过程中应做好消毒工作,做到"一牛一针头"
4.7.3	疫病监测	致病微生物	a) 配合当地畜牧兽医部门对结核、布鲁氏菌病进行定期检测和净化 b) 配合当地畜牧兽医部门对口蹄疫抗体进行监测,免疫抗体合格率低于70%时进行补免
4.7.4	卫生消毒	致病微生物	a) 选择国家批准使用的,对人、奶牛和环境安全没有危害以及在牛体内不产生有害蓄积的消毒剂 b) 依据不同的消毒对象,可采用喷雾消毒、浸液消毒、紫外线消毒、喷洒消毒、热水消毒等方法 c) 定期对奶牛场周围环境、牛舍、运动场、饲养用具(料槽、水槽、饲料车等)、生产环节(挤奶、助产、配种、注射治疗及任何与奶牛进行接触)的器具进行消毒 d) 对进出奶牛场的车辆进行消毒 e) 轮换使用消毒药,不宜长期使用一种消毒药 f) 及时更换场区入口和生产区入口的消毒液,保持有效浓度 g) 定期检查消毒设施设备的运行状况,确保运行良好,安全有效
4.7.5	奶牛保健	疾病	a) 保持乳房清洁,清除损伤乳房的隐患。干奶前10 d,进行隐性乳房炎检测,确定乳房正常后方可干奶 b) 保持牛蹄清洁,清除趾间污物,坚持定期消毒。每年对全群奶牛肢蹄检查一次,春季或秋季对蹄变形者统一修整。供应营养全面且平衡的日粮,防止蹄叶炎发生 c) 高产奶牛在停奶时和产前10 d做血样抽样检查,做好营养代谢性疾病的监控。定期监测酮体,发现异常及时采取治疗措施
4.7.6	疫病控制和扑灭	致病微生物、兽药残留	a) 奶牛发病时,应由执业兽医或当地动物疫病预防控制机构兽医实验室进行临床和实验室诊断,必要时送至省级实验室或国家指定的参考实验室进行确诊 b) 应在执业兽医指导下进行治疗,并按照4.5款的规定使用兽药 c) 在发生重大疫情时,应配合当地兽医机构实施的封锁、隔离、扑杀、销毁等扑灭措施,并对全场进行清洁消毒。消毒按GB/T 16569的规定进行

4.8 挤奶操作

序号	关键点	主要风险因子	控制措施
4.8.1	挤奶厅	违禁添加物、微生物	a) 挤奶厅应建在奶牛场的常年主导风向上风处或中部侧面,距牛舍较近,有专用生鲜乳运输车辆通道,不应与污道交叉 b) 挤奶厅墙面应光滑,便于清洗消毒;地面应防滑,易于清洁 c) 挤奶厅地面冲洗用水不应使用循环水,应使用清洁水,并保持一定的压力。下水道应保持通畅 d) 贮奶间的门及制冷罐应加锁,专人管理,有防蚊蝇和防鼠设施,不应堆放任何化学物品和杂物
4.8.2	挤奶员	微生物	a) 挤奶员应经奶牛泌乳生理和挤奶操作工艺培训合格,并取得职业技能鉴定证书 b) 保证个人卫生,勤洗手、勤剪指甲、不涂抹化妆品、不佩戴饰物 c) 手部刀伤和其他开放性外伤,未愈前不应挤奶 d) 挤奶操作时,应穿工作服和工作鞋,戴工作帽
4.8.3	挤奶	微生物、兽药残留	a) 挤奶前先观察或触摸乳房,观察其外表是否有红、肿、热、痛症状或创伤 b) 用专用药浴液对乳头进行挤奶前药浴。如果乳房污染严重,可先用含消毒水的温水清洗干净,再药浴乳头 c) 挤奶前药浴后,用毛巾或纸巾将乳头擦干,一头牛一条毛巾,纸巾不能重复使用 d) 将前三把奶挤到专用容器中,检查其是否有凝块、絮状物或水样。正常的牛可上机挤奶;异常时应及时报告兽医进行治疗,单独挤奶 e) 挤奶后,用专用药浴液对乳头进行药浴 f) 患病奶牛和产犊 7 d 内的奶牛不应上挤奶厅挤奶,应单独挤奶,挤出的奶放入专用容器中单独处理
4.8.4	设备清洗消毒	微生物	a) 选择经国家批准,对人、奶牛和环境安全没有危害,对生鲜乳无污染的清洗剂 b) 每次挤奶前,用清水对挤奶及贮运设备进行冲洗 c) 挤奶完毕后,应立即用 35℃～40℃ 温水对挤奶设备进行预冲洗,不加任何清洗剂。预冲洗过程循环冲洗到水变清为止 d) 挤奶设备预冲洗后,立刻用 pH 为 11.5 的碱洗液,循环清洗 10 min～15 min。碱洗温度开始在 70℃～80℃,循环到水温不低于 41℃。碱洗后可继续进行酸洗,酸洗液 pH 为 4.5,循环清洗 10 min～15 min,酸洗温度应与碱洗温度相同。在每次碱(酸)清洗后,再用温水冲洗 5 min,清洗完毕管道内不应留有残水 e) 奶罐每次用完后应先用 35℃～40℃ 温水清洗,再用 50℃ 热碱水循环清洗消毒,最后用清水冲洗干净

4.9 贮存运输

序号	关键点	主要风险因子	控制措施
4.9.1	贮存	微生物、违禁添加物	a) 贮奶罐应符合 GB/T 10942 的要求,奶罐盖子应保持上锁状态,不应向罐中加入任何物质 b) 贮奶罐使用前应进行预冷处理 c) 挤出的生鲜乳应在 2 h 内冷却到 0℃～4℃ 保存。生鲜乳挤出后,在贮奶罐的贮存时间不超过 48 h
4.9.2	检测	微生物、兽药残留、违禁添加物	a) 应设立生鲜乳化验室,并配备必要的乳成分分析检测设备和卫生检测仪器、试剂 b) 生鲜乳检测人员应熟悉生鲜乳生产质量控制及相关的检验检测技术 c) 奶牛养殖场采取贮奶罐混合留样方式,奶农专业生产合作社采取生鲜乳分户留样和贮奶罐混合留样方式,留存生鲜乳样品,并做好采样编号、记录登记。样品至少应冷冻保存 10 d d) 按照 GB 19301 的要求对生鲜乳的感官、酸度、密度、含碱和抗生素等指标进行检测并做好检测记录

（续）

序号	关键点	主要风险因子	控制措施
4.9.3	运输	微生物、违禁添加物	a) 生鲜乳运输车必须获得所在地县级畜牧兽医主管部门核发的生鲜乳准运证明，并具备以下条件： 　1) 奶罐隔热、保温，内壁由防腐蚀材料制造，对生鲜乳质量安全没有影响 　2) 奶罐外壁用坚硬光滑、防腐、可冲洗的防水材料制造 　3) 奶罐设有奶样存放舱和装备隔离箱，保持清洁卫生，避免尘土污染 　4) 奶罐密封材料耐脂肪、无毒，在温度正常的情况下具有耐清洗剂的能力 　5) 奶车顶盖装置、通气和防尘罩设计合理，防止奶罐和生鲜乳受到污染 b) 生鲜乳运输罐使用前应进行预冷处理 c) 生鲜乳运输时必须随车携带生鲜乳交接单，生鲜乳运输罐在起运前应加铅封，不应在运输途中开封和添加任何物质 d) 从事生鲜乳运输的驾驶员、押运员应有保持生鲜乳质量安全的基本知识

4.10　无害化处理

序号	关键点	主要风险因子	控制措施
4.10.1	粪污处理	致病微生物、粪污污染	a) 应执行《畜禽规模养殖污染防治条例》的规定，遵循减量化、无害化、资源化和综合利用的原则 b) 应有与生产规模相适应的粪污处理设施设备，且运行维护良好 c) 应及时清除圈舍及运动场内的粪便、垫草、污物等 d) 奶牛粪便无害化处理可参照 NY/T 1168 的要求执行 e) 粪污排放应符合 GB 18596 的要求
4.10.2	病死牛及产品处理	致病微生物	a) 应按照《病死动物无害化处理技术规范》的要求及时处理病死奶牛及相关产品 b) 应有受控的专用场所或者容器贮存病死奶牛，该场所或者容器应易于清洗和消毒 c) 没有处理能力的奶牛养殖场（养殖小区），应与在登记注册的专业机构签订正式委托处理协议 d) 对废弃鼠药和毒死鼠、鸟等，应按照国家有关规定进行处理
4.10.3	不合格乳处理	致病微生物、违禁添加物、兽药残留	有下列情形的生鲜乳，应予以销毁或进行无害化处理： a) 经检测不符合健康标准或者未经检疫合格的奶牛生产的 b) 在规定用药期和休药期内的奶牛生产的 c) 添加违禁添加物的 d) 其他不符合 GB 19301 要求的
4.10.4	废弃物处理	环境污染	a) 应及时收集过期、失效兽药以及使用过的药瓶、针头等一次性兽医用品，并按国家法律法规进行安全处理 b) 胎衣等废弃物应进行无害化处理

4.11　记录

序号	记录事项	主要内容
4.11.1	奶牛引进记录	记录引进奶牛的相关情况，包括产地、养殖场名称、年龄、数量、引进日期等
4.11.2	饲料记录	a) 记录并保存购买饲料时主要信息，包括购买时间、名称、规格、数量、生产厂家、经营单位、产品批准文号、批号、发票或收据、出入库数量、经办人等 b) 记录自配料的原料来源、配方、生产程序、生产数量、生产记录等
4.11.3	兽药记录	a) 记录并保存购买兽药时主要信息，包括购买时间、名称、规格、数量、生产厂家、经营单位、产品批准文号、批号、发票或收据、出入库数量、经办人等 b) 记录用药情况，包括奶牛耳标号、发病时间及症状、预防或者治疗用药名称（通用名称及有效成分）、批号、用药剂量、用药方法、用药时间、休药期、兽医签字等

（续）

序号	记录事项	主要内容
4.11.4	养殖记录	记录奶牛圈舍号、年龄、时间、变动情况（出生、调入、调出、死淘）、存栏数等
4.11.5	消毒记录	记录使用消毒剂的名称、用量、消毒方式、消毒场所、消毒日期、操作员签字等
4.11.6	免疫记录	记录奶牛圈舍号、年龄、免疫日期、存栏数量、应免数量、实免数量、疫苗名称、生产厂家、批号、免疫方法、免疫剂量、免疫人员签字、防疫监督责任人签字等
4.11.7	防疫监测记录	记录采样日期、圈舍号、采样数量、监测项目、监测单位、疫病监测阳性数量和阴性数量、免疫抗体监测合格数和不合格数、处理情况等
4.11.8	诊疗记录	记录诊疗时间、耳标号、圈舍号、年龄、发病数、症状、诊断结论、治疗措施、人员等
4.11.9	无害化处理记录	记录无害化处理的内容、耳标号、数量、处理或死亡原因、处理方式、处理日期、处理单位或责任人等
4.11.10	生鲜乳收购记录	记录收购时间、奶牛养殖者、收购量、感官初检结果、交售人签字、收购人签字等
4.11.11	生鲜乳留样记录	记录采样日期、样品来源、样品编号、留样截止日期、采样人签字等
4.11.12	生鲜乳检测记录	记录样品编号、检测时间、感官指标、相对密度、酸度、含碱、抗生素残留、检测结果、不合格原因、检测人签字
4.11.13	生鲜乳销售记录	记录销售日期、准运证编号、车辆牌照、驾驶员、押运员、装车时间、生鲜乳装载量、装运时罐内生鲜乳温度、销售去向、记录人等
4.11.14	不合格生鲜乳处理记录	记录到站时间、生鲜乳来源、不合格原因、确认单位、数量、无害化处理方式、处理时间、处理人、上报时间、接报人等
4.11.15	设施设备清洗消毒记录	记录日期、设施设备名称、消毒药品、消毒方式、负责人签字等
4.11.16	生鲜乳交接单	a）记录生鲜乳收购站名称、运输车辆牌照、装运数量、装运时间、装运时生鲜乳温度等内容，并由生鲜乳收购站经手人、押运员、驾驶员、收奶员签字 b）生鲜乳交接单一式两份，分别由生鲜乳收购站和乳品生产者保存

ICS 67.180.10
B 47

中华人民共和国农业行业标准

NY/T 2798.10—2015

无公害农产品
生产质量安全控制技术规范
第10部分:蜂产品

2015-05-21 发布

2015-08-01 实施

中华人民共和国农业部 发布

前　　言

NY/T 2798《无公害农产品　生产质量安全控制技术规范》为系列标准：
——第1部分：通则；
——第2部分：大田作物产品；
——第3部分：蔬菜；
——第4部分：水果；
——第5部分：食用菌；
——第6部分：茶叶；
——第7部分：家畜；
——第8部分：肉禽；
——第9部分：生鲜乳；
——第10部分：蜂产品；
——第11部分：鲜禽蛋；
——第12部分：畜禽屠宰；
——第13部分：养殖水产品。
本部分为 NY/T 2798 的第10部分。
本部分按照 GB/T 1.1—2009 给出的规则起草。
本部分由中华人民共和国农业部提出并归口。
本部分起草单位：中国农业科学院蜜蜂研究所、农业部蜂产品质量监督检验测试中心（北京）、农业部农产品质量安全中心。
本部分起草人：吴黎明、赵静、廖超子、薛晓锋、陈兰珍、李熠、周金慧、张金振、陈芳。

无公害农产品 生产质量安全控制技术规范
第10部分：蜂产品

1 范围

本部分规定了无公害蜂产品生产过程中的质量安全控制基本要求，包括生产蜂场设置、养蜂机具、蜂群饲养管理、用药管理、卫生管理、蜂产品采收和贮运等。

本标准适用于无公害蜂产品生产、管理和认证。

2 规范性引用文件

下列文件对于本文件的应用是必不可少的。凡是注日期的引用文件，仅注日期的版本适用于本文件。凡是不注日期的引用文件，其最新版本（包括所有的修改单）适用于本文件。

GB 3095 环境空气质量标准

GB/T 19168 蜜蜂病虫害综合防治规范

NY/T 2798.1 无公害农产品 生产质量安全控制技术规范 第1部分：通则

NY 5027 无公害食品 畜禽饮用水水质

NY/T 5139 无公害食品 蜜蜂饲养管理准则

国务院第404号文 兽药管理条例

农业部公告第193号 关于发布《食品动物禁用的兽药及其他化合物清单》的通知

3 控制技术及要求

3.1 生产蜂场设置

序号	关键点	主要风险因子	控制措施
3.1.1	场址、布局	重金属污染、农药残留、大气污染物	a) 蜂场远离粉尘、居民点、繁忙交通干道和化工厂、农药厂及经常喷洒农药的地区，地势高燥、背风向阳、排水良好、小气候适宜 b) 周围半径5 km范围内无以蜜、糖为生产原料的食品厂 c) 蜂场周围空气中各种污染物的浓度限值应符合GB 3095中二类区的要求 d) 蜂场附近有便于蜜蜂采集的良好水源；若周边水源达不到要求，应在蜂巢内（外）放置合适的饮水装置。水质符合NY 5027的规定
3.1.2	蜜源植物	农药残留、有毒蜜源	a) 距蜂场半径5 km范围内应具备丰富的蜜粉源植物，应避免受到农药污染 b) 距蜂场半径5 km范围内有毒蜜粉源植物（如雷公藤 *Tripterygium wildford* 等）分布数量多的地区，有毒蜜粉源开花期，不能放蜂

3.2 养蜂机具

序号	关键点	主要风险因子	控制措施
3.2.1	饲养和生产用具	重金属污染、微生物污染、有害物质	a) 蜂箱、隔王板、饲喂器、脱粉器、台基条、移虫针、取浆器具、起刮刀、蜂扫、覆布、幽闭蜂王和脱蜂器具等应无毒、无异味 b) 割蜜刀和分蜜机应使用不锈钢或无毒塑料制成 c) 蜂产品储存器具应无毒、无害、无污染、无异味

3.3 蜜蜂饲养管理

序号	关键点	主要风险因子	控制措施
3.3.1	饲料	违禁添加物、生物毒素、微生物污染、重金属污染	a) 采购的饲料应来源于相关行政部门批准的生产企业 b) 饲喂蜂群的蜂蜜、白糖、糖浆、花粉和花粉代用品应符合相关的质量要求 c) 饲料中不应添加未经国家有关部门批准使用的添加剂 d) 饲料中不应人为添加违禁兽药
3.3.2	补充饲喂	违禁添加物、微生物污染、糖浆混入	a) 补充饲喂应使用蜂蜜或者白砂糖，不应用红糖 b) 饲喂花粉或花粉代用品前，应灭菌消毒 c) 生产期不应饲喂
3.3.3	喂水	外来污染物、微生物污染	a) 早春和夏季喂水时，饲喂器具应保持清洁 b) 可在水中添加少许食盐，浓度不超过0.5%
3.3.3	温、湿度，通风	微生物污染	a) 保持蜂箱内温度相对稳定和通风良好。根据季节采取适当的控温措施 b) 蜂巢内相对湿度保持在65%～85%

3.4 用药管理

序号	关键点	主要风险因子	控制措施
3.4.1	预防管理	药物污染、微生物污染	a) 选择抗病蜂种 b) 饲养强群、保持蜂群饲料充足、预防盗蜂，提高蜂群自身的抗病能力 c) 保持养蜂场地和蜂机具清洁卫生
3.4.2	药物选择和购买	禁用兽药、药物污染	a) 所用的药物符合GB/T 19168和农业部193号公告等的相关规定 b) 所用药物的标签应符合《兽药管理条例》的规定 c) 从有资质的蜂药生产企业和经营单位购买蜂药，并保存记录
3.4.3	药物使用	禁用兽药、药物污染	a) 严格执行停药期 b) 投喂或使用蜂药的员工应经过相关培训，并具备用药的相关能力和知识 c) 保持用药记录

3.5 卫生管理

序号	关键点	主要风险因子	控制措施
3.5.1	消毒剂选择	药物污染	a) 选用的消毒剂应符合NY/T 5139的规定 b) 应对人和蜂安全、无残留毒性，对设备无破坏性，不会在蜜蜂产品中产生有害积累
3.5.2	场地卫生管理	微生物污染、药物污染	a) 建立蜂场清理、消毒程序 b) 每周清理一次蜂场死蜂和杂草，清理的死蜂应及时深埋 c) 霉迹用5%的漂白粉乳剂喷洒消毒
3.5.3	机具卫生管理	微生物污染、药物污染	a) 建立养蜂用具消毒程序 b) 定期对蜂箱、隔王栅、饲喂器等养蜂用具消毒，并保持用具清洁卫生
3.5.4	消毒记录	药物污染	对于场地、蜂机具的物理和化学消毒措施、时间、所用消毒剂种类、来源等应进行详细的消毒记录

3.6 产品采收和贮存

序号	关键点	主要风险因子	控制措施
3.6.1	基本要求	兽药残留、微生物污染	a) 蜜蜂产品采收期内，不得使用任何蜂药；在休药期内，不得采收任何蜜蜂产品；蜜粉源植物施药期间不应进行蜜蜂产品采收 b) 生产用具、盛具用前严格清洗、消毒 c) 不应用手直接采集或接触蜜蜂产品

（续）

序号	关键点	主要风险因子	控制措施
3.6.1	基本要求	兽药残留、微生物污染	d) 在采收现场提供蜜蜂产品采收记录,包括采收日期、产品种类、数量、采集人、用具和盛具清洗和消毒、贮存等 e) 在蜜蜂产品包装上,应当用标签在醒目位置标记上所生产的蜜蜂产品品名、生产日期、重量、生产者姓名、蜂场名称所属省市县名和产地
3.6.2	蜂蜜采收和贮存	糖浆残留、微生物污染	a) 采收蜂蜜之前,应取出生产群中的饲料糖或蜜 b) 不应用废旧铁桶、铅制桶和非食品级塑料桶等不适宜盛装蜂蜜的容器 c) 巢脾中蜂蜜至少有一半以上封盖后,才可取蜜 d) 每个花期第一次生产的蜂蜜与后续生产的蜂蜜标识后分开存放。单花种蜂蜜与混合蜜要分桶存放 e) 盛放蜂蜜的钢桶或塑料桶应放在阴凉干燥处,不可暴晒和雨淋
3.6.3	蜂王浆采收和贮存	微生物污染、交叉污染	a) 采收移虫后72 h以内的蜂王浆 b) 移虫、采浆作业在对所用器具消毒过的室内或者帐篷内进行 c) 采收后的蜂王浆长期贮存时应在－18℃以下,短期内(15 d内)贮存可在4℃以下冷藏
3.6.4	蜂花粉采收和贮存	粉尘污染、微生物污染、交叉污染	a) 安装脱粉器(材质最好选用不锈钢或塑料,且使用前经过消毒)前,洗净生产群蜂箱和巢门板上的尘土 b) 花粉粒收集过程中,随时清除混入花粉中的杂物 c) 花粉干燥时尽可能采用风干的方式,避免日光暴晒 d) 干燥后的花粉要密封遮光存放,避免污染

3.7 包装标识与产品运输

序号	关键点	主要风险因子	控制措施
3.7.1	包装、标识、贮藏运输	致病微生物、生物毒素、物理污染、化学污染	a) 应符合 NY/T 2798.1 的相关规定 b) 蜂王浆贮运应在4℃以下进行

附　录　A

（规范性附录）
国家禁止使用的兽药目录

在养蜂生产中，国家禁止使用的兽药见表 A.1。

表 A.1　国家禁止使用的兽药目录

名　称
氯霉素 Chloramphenicol 及其盐、酯（包括：琥珀氯霉素 Chloramphenicol Succinate）及制剂
氨苯砜 Dapsone 及制剂
硝基呋喃类：呋喃唑酮 Furazolidone、呋喃它酮 Furaltadone、呋喃苯烯酸钠 Nifurstyrenate sodium 及制剂；呋喃西林 Nitrofurazone、呋喃妥因 Nitrofurantoin 及其盐、酯及制剂
杀虫脒（克死螨）Chlordimeform
硝基咪唑类：甲硝唑 Metronidazole、地美硝唑 Dimetronidazole、替硝唑 Tinidazole 及其盐、酯及制剂
金刚烷胺 Amantadine、金刚乙胺 Rimantadine

ICS 67.120
B 45

中华人民共和国农业行业标准

NY/T 2798.11—2015

无公害农产品
生产质量安全控制技术规范
第11部分:鲜禽蛋

2015-05-21 发布

2015-08-01 实施

中华人民共和国农业部 发 布

前　　言

NY/T 2798《无公害农产品　生产质量安全控制技术规范》为系列标准：
——第1部分:通则;
——第2部分:大田作物产品;
——第3部分:蔬菜;
——第4部分:水果;
——第5部分:食用菌;
——第6部分:茶叶;
——第7部分:家畜;
——第8部分:肉禽;
——第9部分:生鲜乳;
——第10部分:蜂产品;
——第11部分:鲜禽蛋;
——第12部分:畜禽屠宰;
——第13部分:养殖水产品。

本部分为 NY/T 2798 的第11部分。本部分应与第1部分结合使用。

本部分按照 GB/T 1.1—2009 给出的规则起草。

本部分由中华人民共和国农业部提出并归口。

本部分起草单位:中国动物卫生与流行病学中心、青岛农业大学、农业部农产品质量安全中心。

本部分起草人:曲志娜、廖超子、王娟、赵思俊、丁保华、刘焕奇、曹旭敏、洪军、黄秀梅、邹明、王玉东、王君玮、李庆江、汤晓艳。

无公害农产品　生产质量安全控制技术规范
第11部分:鲜禽蛋

1　范围

本部分规定了无公害鲜禽蛋生产的场址和设施、禽只引进、饮用水、饲料和饲料添加剂、兽药、饲养管理、疫病防控、无害化处理、包装和贮运以及记录等技术要求。

本部分适用于无公害农产品鲜禽蛋的生产、管理和认证。

2　规范性引用文件

下列文件对于本文件的应用是必不可少的。凡是注日期的引用文件,仅注日期的版本适用于本文件。凡是不注日期的引用文件,其最新版本(包括所有的修改单)适用于本文件。

GB 13078　饲料卫生标准

GB 16548　畜禽病害肉尸及其产品无害化处理规程

GB 16549　畜禽产地检疫规程

GB/T 16569　畜禽产品消毒规范

GB 18596　畜禽养殖业污染物排放标准

NY/T 388　畜禽场环境质量标准

NY/T 2798.1　无公害农产品　生产质量安全控制技术规范　第1部分:通则

NY 5027　无公害食品　畜禽饮用水水质

中华人民共和国兽药典

进口兽药质量标准

农业部、卫生部、国家药品监督管理局公告第176号　禁止在饲料和动物饮用水使用的药物品种目录

中华人民共和国农业部公告第168号　饲料药物添加剂使用规范

中华人民共和国农业部公告第193号　食品动物禁用兽药及其它化合物清单

中华人民共和国农业部公告第278号　休药期规定

中华人民共和国农业部公告第560号　兽药地方标准废止目录

中华人民共和国农业部公告第1519号　禁止在饲料和动物饮水中使用的物质

中华人民共和国农业部公告第1773号　饲料原料目录

中华人民共和国农业部公告第2045号　饲料添加剂品种目录

3　控制技术及要求

3.1　场址和设施

序号	关键点	主要风险因子	控制措施
3.1.1	选址	致病微生物、有毒有害化合物、重金属	a)　场址宜选在地势高燥、采光充足、水源充沛、水质良好、便于污水粪便等废弃物处理、无污染、隔离条件好、远离噪声的区域,且通过所在地县级以上有资质的环境测评部门的环境评估 b)　距离生活饮用水源地、动物屠宰加工场所、动物和动物产品集贸市场500 m以上,距离种畜禽场1 000 m以上,动物饲养场(养殖小

（续）

序号	关键点	主要风险因子	控制措施
3.1.1	选址	致病微生物、有毒有害化合物、重金属	区）之间距离不少于 500 m c) 距离动物隔离场所、无害化处理场所 3 000 m 以上 d) 距离城镇居民区、文化教育科研等人口集中区域及公路、铁路等主要交通干线 500 m 以上，距离大型化工厂、矿厂应至少 1 000 m 以上
3.1.2	布局	致病微生物	a) 场区周围应建有隔离设施；场区出入口处应设置适合运输车辆进出的消毒设施 b) 场区合理布局，生产区与生活办公区分开，有隔离设施；生产区内净道、污道分设，各养殖栋舍之间距离在 5 m 以上或者有隔离设施；各区域均有明确标识 c) 应分别设立饲料和饲料添加剂、兽药、禽蛋贮存区，且有明确标识 d) 应分别设立粪便、污水、病死蛋禽等废弃物处理区，粪便污水处理设施和尸体焚烧炉处于生产区、生活区的常年主导风向的下风向或侧风向处，且应远离生产区
3.1.3	设施设备	重金属、致病微生物	a) 生产区入口处应设有相适应的消毒室、更衣室，配备相应的消毒设施，以满足进出人员和运输工具的消毒以及生产区域的消毒 b) 禽舍面积应与饲养规模相适应，且建筑材料应符合环保要求、无潜在污染，如禁止使用含铅油漆。禽舍地面和墙壁应便于清洗消毒，且能耐酸、耐碱 c) 禽舍门口应设消毒池（或消毒盆），应具备良好的排水、通风换气、光照及保温、降温设施 d) 应有相对独立的患病动物隔离舍 e) 应设有与生产规模相适应的无害化处理、污水污物处理设施设备。储粪场应有防雨、防渗漏、防溢流措施 f) 应具备良好的防鼠、防虫及防鸟设施，以防野生动物或宠物进入禽舍

3.2 禽只引进

序号	关键点	主要风险因子	控制措施
3.2.1	来源	致病微生物	a) 引进的禽只应来自具有种畜禽生产经营许可证的种禽场 b) 同一栋禽舍的所有蛋禽应来源于同一种禽场相同批次的蛋禽
3.2.2	健康证明	致病微生物	引进的禽只需经产地动物卫生监督机构检疫，达到 GB 16549 的要求，具有动物检疫合格证明
3.2.3	运输	致病微生物	运输所用的车辆和笼具在使用前后应彻底清洗消毒

3.3 饮用水

序号	关键点	主要风险因子	控制措施
3.3.1	水质	致病微生物、重金属	a) 蛋禽饮用水应来自无污染的水源，水质应符合 NY 5027 的要求 b) 应定期检测蛋禽饮用水水质 c) 舍外放养时，应避免蛋禽接近可能有污染的水源
3.3.2	消毒	致病微生物	应定期对饮水设施设备进行清洗、消毒，保持清洁卫生

3.4 饲料和饲料添加剂

序号	关键点	主要风险因子	控制措施
3.4.1	来源	违禁物质	a) 应执行《饲料和饲料添加剂管理条例》，购买国家允许使用的、产品质量合格的饲料和饲料添加剂 b) 外购饲料和饲料添加剂应来源于具有生产经营许可证的企业，

（续）

序号	关键点	主要风险因子	控制措施
3.4.1	来源	违禁物质	且持有合格证明 c） 自制饲料所用的原料和饲料添加剂应符合国家饲料主管部门颁布的《饲料原料目录》和《饲料添加剂品种目录》。添加药物饲料添加剂的自制饲料应有明确标识
3.4.2	质量	生物毒素、污染物	a） 饲料和饲料添加剂应无发霉、变质、结块、虫蛀及异味、异臭、异物 b） 符合单一饲料、饲料添加剂、配合饲料、浓缩饲料和添加剂预混剂产品的饲料质量标准规定，且所有饲料和饲料添加剂的卫生指标应符合 GB 13078 的规定 c） 舍外放养时，应确保放养场所的牧草上不存在影响动物产品安全的污染物质或化学产品（如重金属、农药、除草剂等），必要时可对牧草或土壤进行安全检测
3.4.3	使用	生物毒素、兽药残留	a） 应执行《饲料和饲料添加剂管理条例》，使用产品质量合格的饲料和饲料添加剂 b） 应按照标签或产品使用说明使用饲料和饲料添加剂 c） 饲喂的饲料产品应在保质期内，不应使用过期、变质产品 d） 饲料药物添加剂的使用应符合农业部《饲料药物添加剂使用规范》，且应执行《休药期规定》
3.4.4	贮存	生物毒素、兽药残留	a） 应在专设区域贮存饲料和饲料添加剂，并定期清洗消毒，保持清洁卫生 b） 应分类存放，明确标识，且遵循"先进先出"的原则 c） 添加兽药或药物饲料添加剂的饲料应分开贮存，防止交叉污染

3.5 兽药

序号	关键点	主要风险因子	控制措施
3.5.1	来源	违禁药物	a） 应执行《兽药管理条例》，购买国家允许使用的、产品质量合格的兽药产品 b） 所用兽药应产自取得生产许可证和产品批准文号的生产企业，或者取得进口兽药注册证的生产企业，购自取得兽药经营许可证的供应商 c） 不应购买国家禁止使用的药物
3.5.2	质量	违禁药物	兽药质量应符合《中华人民共和国兽药典》、《进口兽药质量标准》等农业部批准的质量标准
3.5.3	使用	兽药残留、违禁药物	a） 使用兽药时应执行《兽药管理条例》，且在执业兽医指导下进行 b） 应按照说明书的内容（药理作用、适应证、用法与用量、不良反应、注意事项、休药期等）或执业兽医的处方使用兽药 c） 应执行国务院兽医行政管理部门制定的《休药期规定》 d） 不应使用贮存不当的变质兽药和过期兽药，不应使用人用药品和假、劣兽药 e） 不应使用农业部公告第 176 号、第 193 号、第 560 号和第 1519 号中所列药物以及国家规定的其他禁止在养殖过程中使用的药物，蛋鸡在产蛋期还不应使用农业部公告第 278 号中规定的产蛋期禁用兽药 f） 不应将原料药直接添加到饲料及动物饮用水中或直接饲喂蛋禽
3.5.4	贮存	兽药污染	a） 应在专设区域贮存兽药，并定期清洗消毒，保持清洁卫生 b） 应按照兽药标签或说明书中的贮存要求保管兽药

3.6 饲养管理

序号	关键点	主要风险因子	控制措施
3.6.1	工作人员	致病微生物	a) 应为工作人员提供适当的培训,包括蛋禽饲养管理、兽药安全使用、饲料的配制和使用、场所和设备的清洁消毒、生物安全和防疫以及无害化处理知识等 b) 饲养人员不应在生产区私自饲养其他家禽和鸟 c) 饲养人员应按照要求消毒并更换场区工作服和工作鞋后,方可进入饲养区。工作服和工作鞋应保持清洁,并应定期清洗、消毒
3.6.2	外来人员或车辆	致病微生物	a) 外来人员或车辆经许可后,应按照要求消毒方可进入 b) 任何来自可能染疫地区的人员或车辆不应进入场内 c) 任何人员不应携带其他家禽、鸟、宠物等进入生产区内
3.6.3	饲养方式	致病微生物	a) 应坚持"全进全出制"的原则 b) 同一禽舍或养殖区不得同时饲养其他禽类,禁止混养 c) 宜采用笼养和平养。地面平养应选择合适的垫料,垫料要求干燥、无霉变,并进行适当的消毒处理
3.6.4	饲养条件	有毒有害气体	a) 饲养密度、光照、温湿度等参数应符合蛋禽品种和生长阶段要求 b) 应经常通风换气,禽舍内空气质量应符合 NY/T 388 的要求

3.7 疫病防治

序号	关键点	主要风险因子	控制措施
3.7.1	清洁和消毒	致病微生物	a) 每天清扫禽舍,保持笼具、料槽、水槽、用具、照明灯泡及舍内其他配套设施的洁净,保持舍内清洁 b) 定期对地面和料槽、水槽等饲喂用具进行消毒,定期对禽舍空气进行喷雾消毒,定期对场区内道路、场周围及场内污水池、拍粪坑、下水道等进行消毒。在疫病多发季节,应适当增大消毒频率 c) 蛋箱或蛋托在使用前后均应消毒,工作人员应在集蛋前后洗手消毒 d) 蛋禽转舍、售出后,应对空舍笼具和用品进行清扫、冲洗,并进行全面喷洒消毒。封闭式禽舍应在全面清洗后,关闭门窗进行熏蒸消毒,并至少空舍 21 d e) 蛋禽场的车辆应保持清洁。进出蛋禽场时,车辆应消毒 f) 应轮换使用消毒药。消毒方法和程序参照 GB/T 16569 的要求执行
3.7.2	免疫接种	致病微生物	a) 应根据《中华人民共和国动物防疫法》及其配套法规的要求,结合当地家禽疫病流行的情况制订免疫计划,选择科学的免疫程序和免疫方法,有选择地进行疫病的预防接种 b) 疫苗的来源、质量、使用与贮存应符合第 4.5 条款的相关规定 c) 应定期对免疫动物进行抗体水平监测,根据抗体水平及时进行补充或强化免疫
3.7.3	疫病监测	致病微生物	应依据《中华人民共和国动物防疫法》及其配套法规以及当地兽医行政管理部门有关要求,积极配合当地动物卫生监督机构或动物疫病预防控制机构进行定期或不定期的疫病监测、监督抽查、流行病学调查等工作
3.7.4	疫病控制和扑灭	致病微生物、兽药残留	a) 蛋禽发病时,应由执业兽医或当地动物疫病预防控制机构兽医实验室进行临床和实验室诊断,必要时送至省级实验室或国家指定的参考实验室进行确诊 b) 应在执业兽医指导下进行治疗,并按照第 4.5 条款的规定使用兽药 c) 在发生重大疫情时,应配合当地兽医机构实施的封锁、隔离、扑杀、销毁等扑灭措施,并对全场进行清洁消毒。消毒按 GB/T 16569 的规定执行

3.8 无害化处理

序号	关键点	主要风险因子	控制措施
3.8.1	病死禽处理	致病微生物	应将病死蛋禽及时从健康禽群中剔除,并按照 GB 16548 的规定进行处理
3.8.2	废弃物处理	致病微生物、兽药残留	a) 蛋禽场排放水应达到 GB 18596 规定的要求 b) 应定期清理蛋禽场所产生的废料,如粪便、剩余饲料等。垫料和粪便等废弃物应在专设区域进行堆积发酵等无害化处理。处理后方可使用或运输 c) 应定期收集过期、变质产品(兽药等农业投入品)及其包装等,并按国家法律法规的要求进行安全处理
3.8.3	不合格产品处理	致病微生物、兽药残留	应对休药期内或残留超标或卫生指标不合格的鲜禽蛋进行无害化处理

3.9 包装标识和贮运

序号	关键点	主要风险因子	控制措施
3.9.1	包装标识和贮运	致病微生物	应符合 NY/T 2798.1 的相关规定

3.10 记录

序号	记录事项	控制措施
3.10.1	记录的建立和保存	应符合 NY/T 2798.1 的相关规定
3.10.2	引进记录	记录引进禽只的相关情况,包括产地、种禽场名称、生产经营许可证、蛋禽品种与数量、引进日期等
3.10.3	人员进出记录	应对所有进入蛋禽场的人员进行记录,包括来访者、服务人员和养殖专业人员(兽医、检测员、饲养员等)
3.10.4	饲料记录	记录饲料采购、使用的相关情况,包括名称、数量、生产厂家、生产经营许可证、产品化验合格证明、购买日期等
3.10.5	兽药记录	记录兽药采购、使用、保存情况,包括药物名称、生产单位、有效期及使用剂量、使用方法、用药日期、停药日期、贮存条件等,以及出入库记录与过期或变质兽药处置记录等
3.10.6	生产记录	a) 记录蛋禽日常死亡情况,包括数量、死亡原因、日期等 b) 记录禽蛋生产、销售情况,包括日产量、销售去向等 c) 记录产品质量检验情况,包括检测项目、检测日期等
3.10.7	消毒记录	记录消毒情况,包括消毒剂名称、用量、消毒方式、消毒日期等
3.10.8	免疫记录	记录蛋禽免疫情况,包括疫苗名称、生产厂家、接种量、使用方法、使用日期、使用日龄等
3.10.9	诊疗记录	记录内容包括蛋禽发病时间、症状、诊断结论、治疗措施等
3.10.10	无害化处理记录	记录无害化处理情况,包括数量、处理方式、处理日期等

ICS 65.020.30
B 40

中华人民共和国农业行业标准

NY/T 2798.12—2015

无公害农产品
生产质量安全控制技术规范
第12部分:畜禽屠宰

2015-05-21 发布

2015-08-01 实施

中华人民共和国农业部 发布

前　言

NY/T 2798《无公害农产品　生产质量安全控制技术规范》为系列标准：
——第 1 部分:通则；
——第 2 部分:大田作物产品；
——第 3 部分:蔬菜；
——第 4 部分:水果；
——第 5 部分:食用菌；
——第 6 部分:茶叶；
——第 7 部分:家畜；
——第 8 部分:肉禽；
——第 9 部分:生鲜乳 ；
——第 10 部分:蜂产品；
——第 11 部分:鲜禽蛋；
——第 12 部分:畜禽屠宰；
——第 13 部分:养殖水产品。

本部分为 NY/T 2798 的第 12 部分。本部分应与第 1 部分结合使用。

本部分按照 GB/T 1.1—2009 给出的规则起草。

本部分由中华人民共和国农业部提出并归口。

本部分起草单位:中国农业科学院农业质量标准与检测技术研究所、农业部农产品质量安全中心、全国畜牧总站。

本部分起草人:汤晓艳、王敏、廖超子、朱彧、于福清、刘彬、毛雪飞、曲志娜、孙京新、周剑、陶瑞、龚艳。

无公害农产品 生产质量安全控制技术规范
第 12 部分：畜禽屠宰

1 范围

本部分规定了无公害畜禽屠宰生产质量安全控制的厂区布局及环境、车间及设施设备、畜禽来源、宰前检验检疫、屠宰加工过程控制、宰后检验检疫、产品检验、无害化处理、包装与贮运、可追溯管理和生产记录等关键环节质量安全控制技术要求。

本部分适用于猪、牛、羊、鸡、鸭等大宗畜禽无公害屠宰过程的生产、管理与认证。

2 规范性引用文件

下列文件对于本文件的应用是必不可少的。凡是注日期的引用文件，仅注日期的版本适用于本文件。凡是不注日期的引用文件，其最新版本（包括所有的修改单）适用于本文件。

GB 2760 食品安全国家标准 食品添加剂使用标准

GB 12694 肉类加工厂卫生规范

GB 13457 肉类加工工业水污染物排放标准

GB 16548 病害动物和病害动物产品生物安全处理规程

GB/T 17237 畜类屠宰加工通用技术条件

GB 18078.1 农副食品加工业卫生防护距离 第 1 部分：屠宰及肉类加工业

GB/T 20094 屠宰和肉类加工厂企业卫生注册管理规范

GB/T 20551 畜禽屠宰 HACCP 应用规范

GB/T 20799 鲜、冻肉运输条件

GB/T 27519 畜禽屠宰加工设备通用要求

GB 50317 猪屠宰与分割车间设计规范

NY 467 畜禽屠宰卫生检疫规范

NY/T 1340 家禽屠宰质量管理规范

NY/T 1341 家畜屠宰质量管理规范

NY/T 1764 农产品质量安全追溯操作规程 畜肉

NY/T 2076 生猪屠宰加工场（厂）动物卫生条件

NY/T 2798.1 无公害农产品 生产质量安全控制技术规范 第 1 部分：通则

SBJ 08 牛羊屠宰与分割车间设计规范

SBJ 15 禽类屠宰与分割车间设计规范

SB/T 10659 畜禽产品包装与标识

3 控制技术要求

3.1 厂区布局及环境

序号	关键点	主要风险因子	控制措施
3.1.1	厂址	废气、废水、废渣、致病微生物	a) 屠宰厂厂址应符合国家法律法规的有关规定，经当地县级以上相关部门批准，且通过当地有资质的环境测评部门的环境评估 b) 厂区周边环境应满足 NY/T 2798.1 的基本要求

（续）

序号	关键点	主要风险因子	控制措施
3.1.1	厂址	废气、废水、废渣、致病微生物	c) 屠宰厂不得建在居民稠密地区，应按 GB 18078.1 的规定，保持与这些区域的卫生防护距离 d) 应远离水源保护区和饮用水取水口；远离受污染水体，避开产生有害气体、烟雾、粉尘等污染源的工业企业或其他产生污染源的场所或地区。与上述场所或地区距离不小于 3 km，污染场所或地区应处于厂址下风向 e) 厂址应地势较高、干燥，应具备符合国家标准要求的水源和电源，排污方便，交通便利
3.1.2	厂区布局	致病微生物	a) 厂区布局应符合 GB 12694 和 GB 50317 的相关规定 b) 生产区与生活区、清洁区与非清洁区应严格分开，并有明确标识，各车间（区域）布局必须满足生产工艺流程和卫生要求 c) 畜禽待宰圈（区）、可疑病畜隔离圈、急宰间、无害化处理间、废弃物存放场所、污水处理站、锅炉房等应设置于非清洁区，位于清洁区主导风向的下风向，与清洁区间距应符合环保、食品卫生等方面要求 d) 人员、畜禽、废弃物和产品的出入口应分别设置，不得相互交叉
3.1.3	厂区环境	致病微生物、有毒有害物质	a) 厂区环境应符合 GB 12694、GB 50317 和 GB/T 20094 的相关规定 b) 进入厂区的主要道路和厂区主要道路（包括车库和车棚）的路面，应坚硬平坦（如铺设混凝土或沥青路面）、易冲洗、无积水 c) 建筑物周围和道路两侧空地应植树种草，无裸露地面 d) 除待宰畜禽外，厂区一律不得饲养其他动物 e) 厂区内不得有臭水沟、垃圾堆或其他有碍卫生的场所 f) 厂区内应有与生产规模相适的车辆清洗、消毒设施和场地 g) 厂区排水系统应保持畅通，生产中产生的废水和废料的处理与排放应符合 GB 13457 的有关规定 h) 厂区应定期进行除虫灭害工作，采取有效措施防止鼠、蝇、虫等

3.2 车间及设施设备

序号	关键点	主要风险因子	控制措施
3.2.1	待宰区	致病微生物	a) 待宰区应符合 GB 12694、NY/T 2076、SBJ 08 和 SBJ 15 的相关规定 b) 应设有健康畜禽圈（区）、疑似病畜禽圈、病畜禽隔离圈、急宰间和兽医工作室 c) 应设有畜禽卸载台和车辆清洗消毒设施，并设有良好的污水排放系统
3.2.2	车间布局	致病微生物	a) 车间布局应符合 GB 12694 和 GB/T 20094 的相关规定 b) 同一屠宰车间不得屠宰不同种类动物，以防疫病交叉感染 c) 按照生产工艺先后次序和产品特点，将屠宰、食用副产品处理、分割、原辅料处理、工器具清洗消毒、成品内包装、外包装、检验和贮存等不同清洁卫生要求的区域分开设置，并在关键工序车间入口处有明确标识和警示牌，防止交叉污染 d) 应留有足够的空间以便于宰后检验检疫，应设有专门的检验检疫工作室（区），畜类屠宰车间应设有旋毛虫检验室 e) 车间适当位置应留有专门的可疑病害胴体或组织留置轨道（区域）

（续）

序号	关键点	主要风险因子	控制措施
3.2.3	车间建筑	致病微生物、有毒有害物质	a) 车间建筑应符合 GB 50317、GB/T 20094、NY/T 2076、SBJ 08 和 SBJ 15 的相关规定 b) 屠宰加工车间地面应采用不渗水、不吸收、易清洗、无毒、防滑材料铺砌，表面应平整无裂缝，无局部积水，有适当坡度，屠宰车间坡度不应小于 2.0%，分割车间坡度不应小于 1.0% c) 墙壁应用浅色、不吸水、不渗水、无毒材料覆涂，表面应平整光滑，并用易清洗、防腐蚀材料装修高度不低于 2.0 m 的墙裙，四壁及其与地面交界处呈弧形 d) 顶棚或吊顶表面应采用光滑、无毒、耐冲洗、不易脱落的材料制作，顶角应具有弧度以防止冷凝水下滴 e) 门窗应采用密封性能好、不变形、不渗水、防锈蚀的材料制作，窗台面应向下倾斜 45°或无窗台 f) 车间内地面、顶棚、墙、柱、窗口等处的连接角应尽量减少，并应设计成弧形 g) 楼梯与电梯应便于清洗消毒，楼梯、扶手及栏板均应做成整体式，面层应采用不渗水、易清洁材料制作
3.2.4	卫生消毒设施	微生物、化学药剂	a) 卫生消毒设施应符合 GB 12694、GB/T 20094 和 GB/T 20551 的相关规定 b) 应设与车间相连接的更衣室，将个人衣物和工作服分开存放，不同清洁程度的区域应设单独更衣室 c) 应设卫生间、淋浴间，卫生间门窗不应直接开向车间，门应能自动关闭，应设有排气通风设施和防鼠、蝇、虫等设施 d) 车间入口处应设鞋靴清洗、消毒设施 e) 车间入口处、卫生间及车间适当位置应设有温度适宜的温水洗手、消毒、干手设施，洗手水龙头应为非手动开关，洗手设施排水应直接接入下水管道 f) 屠宰线使用刀具、电锯工序的适当位置应配备有 82℃以上热水的刀具、电锯等的消毒设施 g) 加工车间的工器具使用后应在专门的房间进行清洗消毒，消毒间应备有冷、热水清洗消毒设施
3.2.5	屠宰分割设备及工器具	设备脱落物、微生物	a) 屠宰分割设备应符合 GB 12694 和 GB/T 27519 的相关规定，应采用不锈蚀金属和符合肉品卫生要求的材料制作，表面应光滑、不渗水、耐腐蚀，便于清洗消毒，禁止使用竹木器具 b) 设备连接处应紧密，不带死角，连接件在正常工作条件下不得脱落 c) 屠宰、分割加工设备应便于安装、维护和清洗消毒，并按工艺流程合理布局，避免交叉污染 d) 不同用途容器应有明显标识，废弃物容器和可食产品容器不得混用
3.2.6	车间照明	致病微生物、物理脱落物	a) 车间内应有适度光线强度，以满足动物检疫人员和生产操作人员工作需要 b) 车间照明应符合 GB/T 20094 的相关规定，宰前检验区域应在 220 lx 以上，生产车间应在 220 lx 以上，宰后检疫岗位照明强度应在 540 lx 以上，预冷间、通道等其他场所应在 110 lx 以上 c) 生产线上方的照明设施应装有防爆装置和安全防护罩

（续）

序号	关键点	主要风险因子	控制措施
3.2.7	供排水系统	致病微生物、鼠虫害	a) 屠宰、分割和无害化处理等场所应配备冷、热水供应系统,供排水系统应符合 GB/T 20094 的相关规定 b) 车间排水系统应有防止固体废弃物进入的装置,排水沟底角应呈弧形,便于清洗,排水系统流向应从清洁区流向非清洁区 c) 车间出入口及与外界相连的排水口应设有防鼠、蝇、虫等设施
3.2.8	通风设施	微生物、鼠虫害、异味	a) 车间应设有排气通风设施,以防止和消除异味及气雾 b) 通风设施应符合 GB 12694 和 GB/T 20094 的相关规定,通风口应设有防鼠、蝇、虫等设施
3.2.9	冷却或冻结间	微生物	a) 冷却或冻结间应符合 GB 12694、GB/T 17237 和 GB/T 20094 的相关规定 b) 冷却或冻结间设计应避免胴体与地面或墙壁接触 c) 冷却或冻结间适当位置应设存放可疑病害胴体或组织的独立隔离区 d) 冷却或冻结间应配备温湿度自动记录和调节装置,温湿度计应定期校准

3.3 畜禽来源

序号	关键点	主要风险因子	控制措施
3.3.1	畜禽来源	致病微生物、人畜共患病、药物残留、重金属	a) 畜禽来源应符合 NY 467 的相关规定 b) 畜禽动物活体应健康状况良好,附有动物检疫合格证明及其他必需的证明文件 c) 对于活畜禽原料通过纯收购的屠宰企业,应与无公害畜禽养殖企业或养殖户签有委托加工或购销合同,并且无公害养殖场（或基地）相对固定,同时应对无公害养殖场（或基地）进行定期评估和监控,对来自无公害养殖基地的畜禽在出栏前应进行随机抽样检验,检验不合格批次的活畜禽不能进厂接收 d) 对于有无公害养殖场（或基地）的"公司加基地或农户"型屠宰企业,应按无公害畜禽养殖规范生产畜禽活体,并提供无公害产地证书复印件,或者符合规定要求的《产地环境检验报告》和《产地环境现状评价报告》,或者符合无公害农产品产地要求的《产地环境调查报告》,产品检验报告等无公害产品相关材料

3.4 宰前检验检疫

序号	关键点	主要风险因子	控制措施
3.4.1	宰前检验检疫	致病微生物、药物残留	a) 畜禽宰前检验检疫应按 NY 467 规定的程序和标准,由农业部门考核合格的检验检疫人员执行 b) 宰前检验应核验动物初级生产信息,包括动物饲养、用药及疫病防治情况 c) 生猪、肉牛、肉羊进入屠宰厂时,应进行"瘦肉精"批批自检 d) 对符合国家急宰规定的患病畜禽以及因长途运输所致伤病的畜禽,应进行急宰处理;对判定不适宜屠宰的动物,应按 GB 16548 的规定处理 e) 做好宰前检验记录,并将宰前检验信息及时反馈给饲养场和宰后检验人员

3.5 屠宰加工过程控制

序号	关键点	主要风险因子	控制措施
3.5.1	人员卫生	致病微生物、物理危害	a) 人员卫生要求应符合 GB 12694 和 NY/T 2798.1 的相关规定 b) 人员进车间前，应穿戴整洁的工作服、帽、靴、鞋，工作服盖住外衣，头发不得露于帽外，不得佩戴饰品，洗净双手并消毒 c) 不同卫生区域人员不得串岗，以免交叉污染
3.5.2	屠宰加工操作	致病微生物、腐败微生物、化学药剂、设备脱落物、毛发	a) 畜禽屠宰加工应按 NY/T 1340 和 NY/T 1341 的规定执行 b) 屠宰加工设备应调试适当，避免金属配件或残渣脱落，污染胴体或产品 c) 人员操作应规范，开膛时不得割破胃、肠、胆囊、膀胱、孕育子宫等，操作时应避免动物消化道内容物、胆汁、粪便等污染胴体和产品，一旦污染，应按规定修整、剔除或废弃 d) 剥皮前应冷水湿淋，剥皮过程中，凡是接触过皮毛的手和工具，未经消毒不得再接触胴体 e) 脱毛处理应使用 GB 2760 中规定允许使用的加工助剂，加工结束后产品中不应残留可见加工助剂 f) 应用清水对剥皮或脱毛后的胴体表面进行冲洗，或使用乳酸喷淋等新技术对胴体表面进行抑菌处理 g) 胴体、内脏、头蹄（爪）等产品不得接触地面或其他不清洁表面，若接触应采取适当措施消除污染 h) 副产物中内脏、血、毛、皮、蹄壳及废弃物的流向不应对产品和周围环境造成污染 i) 加工过程中运送产品的设备和容器应与盛装废弃物的容器相区别，并有明显标识 j) 屠宰分割过程中，被污染的刀具应立即更换，并经过彻底消毒后方可继续使用，已经污染的设备和场地应清洗和消毒后方可重新屠宰加工正常动物及产品 k) 应对工器具、操作台和接触产品的表面进行定期清洗消毒，不得残留清洗剂或消毒剂
3.5.3	温度控制	致病微生物、腐败微生物	a) 屠宰分割过程温度控制应符合 GB/T 17237 和 GB/T 20094 的规定 b) 屠宰后胴体应立即冷却，畜类胴体进入预冷间冷却，预冷间温度控制在−1℃～4℃，冷却后畜肉中心温度保持在 7℃以下；禽胴体宜采用水冷却，冷却水温在 4℃以下，冷却终水温保持在 0℃～2℃，冷却后禽肉保持 4℃以下；食用副产物保持 3℃以下 c) 冷分割加工环境温度应控制在 12℃以下，热分割加工环境温度应控制在 20℃以下 d) 生产冷冻肉时，应将肉送入冻结间快速冷却，冻结间温度控制在−28℃以下，48h 内使肉品中心温度达到−15℃以下后转入冷藏库，冷藏库温度控制在−18℃
3.5.4	生产用水	致病微生物、腐败微生物、氯残留	a) 生产用水要求按 GB/T 20094 的规定执行 b) 生产用水应符合 GB 5749 的要求或其他相关标准，若使用自备水源作为加工用水，应进行有效处理，并实施卫生监控 c) 应定期对加工用水（冰）进行微生物和残氯检测，对水质的全面公共卫生检测每年不得少于两次

（续）

序号	关键点	主要风险因子	控制措施
3.5.5	加工助剂及消毒药剂	化学药剂、有毒有害物质	a) 加工助剂和消毒药剂使用管理应按 GB 2760 和 GB/T 20094 的规定执行 b) 清洗剂、消毒剂等化学药剂应标识分明，由专人保管，分类存放于专门库房或柜橱，履行出入库登记手续；杀虫剂、灭鼠剂等有毒药剂应标识明显，单独存放，专人保管，实行双人双锁，履行出入库登记手续 c) 除卫生和工艺需要外，不得在生产车间使用和存放可能污染产品的任何药剂，各类药剂的使用应由经过培训的专人负责

3.6 宰后检验检疫

序号	关键点	主要风险因子	控制措施
3.6.1	宰后检验检疫	致病微生物、寄生虫	a) 应按 NY 467 规定的程序和标准，由农业部门考核合格的检验检疫人员对动物头、蹄（爪）、胴体和内脏进行宰后检验检疫 b) 应利用初级生产信息、宰前和宰后检验检疫结果，判定肉类是否适于人类食用；对于感官检验不能判定肉类是否适于人类食用时，应采用其他适当手段做进一步检验或检测 c) 宰后检验检疫判定无害化处理或废弃的肉或组织，应按 GB 16548 的相关规定处理，并做好处理记录 d) 宰后检验检疫应做好记录，及时分析检验结果，按规定上报政府主管部门，并反馈给饲养场

3.7 产品检验

序号	关键点	主要风险因子	控制措施
3.7.1	产品检验	药物残留、重金属、微生物、非法添加物	应按无公害检测目录和国家相关规定对宰后畜禽产品进行质量检验

3.8 无害化处理

序号	关键点	主要风险因子	控制措施
3.8.1	可疑畜禽及病害产品处理	致病微生物、人畜共患病	a) 对经宰前、宰后检疫发现的患病或可疑畜禽活体或病害胴体或组织应使用专门的容器、车辆及时运送，并按 GB 16548 的规定处理 b) 对确认为国家规定的病害活体、病死或死因不明的畜禽应进行无害化处理 c) 对屠宰过程中经检疫或肉品品质检验确认为不可食用的畜禽产品应进行无害化处理 d) 国家规定的其他应进行无害化处理的畜禽及产品应进行无害化处理
3.8.2	废弃物处理	致病微生物、药物残留	对加工过程中产生的不合格品、下脚料和废弃物，应在固定地点用明显标志的专用容器分别收集盛放，并在检验人员监督下进行无害化处理

3.9 包装与贮运

序号	关键点	主要风险因子	控制措施
3.9.1	包装	微生物、化学残留	a) 包装间温度应控制在12℃以下 b) 畜禽肉包装与标识可执行 SB/T 10659 中相关规定 c) 直接接触肉类产品的包装材料应符合相关卫生标准 d) 包装材料应有足够强度,保证运输和搬运过程中不破损 e) 内外包装材料应分开存放,保持干燥、通风和卫生 f) 应在畜禽肉包装上加盖或加贴检验检疫标识和无公害标识
3.9.2	贮存	微生物	a) 冷藏库和冻结间温度应符合被贮存肉类特定要求 b) 贮存库内应保持清洁、整齐、通风,不应放有碍卫生的物品,有防霉、防鼠、防虫设施,定期消毒 c) 冷藏库应定期除霜
3.9.3	运输	微生物	a) 鲜、冻肉运输应符合 GB/T 20799 的规定,使用专用冷藏车或保温车 b) 猪、牛、羊等大中型动物胴体应实行悬挂式运输;包装肉和裸装肉不应同车运输,除非采取物理性隔离防护措施 c) 运输车辆进出厂前应彻底清洗,装运前应消毒 d) 运输车辆应配备制冷、保温等设施,保持适宜的温度;应配备温度记录仪,对温度进行实时监控

3.10 可追溯管理

序号	关键点	主要风险因子	控制措施
3.10.1	可追溯管理系统建立	致病微生物、化学污染	a) 利用生产记录和电子化信息手段建立畜禽产品可追溯管理体系 b) 畜类产品可追溯系统建立可按照 NY/T 1764 的规定执行

3.11 生产记录

序号	记录事项	主要内容
3.11.1	畜禽入厂记录	a) 畜禽入厂时基本信息,包括产地、养殖场名称、品种、数量、检疫证件有无、进厂日期、运输车辆消毒情况等 b) 批次检验记录,包括宰前检验检疫情况、用药和休药期执行核验、"瘦肉精"入厂自检、特殊情况下急宰记录等
3.11.2	屠宰加工过程记录	a) 车间温湿度和光照强度记录,包括屠宰分割车间温湿度、预冷间温度、冻结间温度、冷藏库温度、生产各区域光照强度等 b) 人员进出车间记录,包括人员基本信息、进出车间时间、工作服穿戴及整洁程度、饰品佩戴情况、人员进出车间消毒情况等 c) 生产期间消毒记录,包括消毒液配制、消毒时间、巡回洗手消毒、生产期间设施设备及器具消毒、班后设施设备及器具消毒、消毒负责人等 d) 宰后检验检疫记录,包括胴体检验记录、内脏检验记录等
3.11.3	产品检验及出厂记录	a) 产品检验记录,包括产品外观检验、兽药及化学药剂残留检测、产品中心温度、检验负责人等 b) 产品出厂记录,包括产品名称、销往地区或单位、销售数量、销售价格、出厂日期、联系人等
3.11.4	无害化处理记录	畜禽动物体、胴体或产品病害情况,无害化处理方式,处理数量,处理日期,处理单位及责任人等
3.11.5	生产用化学品领用记录	领用化学品种类、领用数量、用途、领用时间、领用人等

ICS 65.150
B 51

中华人民共和国农业行业标准

NY/T 2798.13—2015

无公害农产品
生产质量安全控制技术规范
第13部分：养殖水产品

2015-05-21 发布　　　　　　　　　　　2015-08-01 实施

中华人民共和国农业部 发 布

前　言

NY/T 2798 《无公害农产品　生产质量安全控制技术规范》为系列利标准：
——第 1 部分：通则；
——第 2 部分：大田作物产品；
——第 3 部分：蔬菜；
——第 4 部分：水果；
——第 5 部分：食用菌；
——第 6 部分：茶叶；
——第 7 部分：家畜；
——第 8 部分：肉禽；
——第 9 部分：生鲜乳；
——第 10 部分：蜂产品；
——第 11 部分：鲜禽蛋；
——第 12 部分：畜禽屠宰；
——第 13 部分：养殖水产品。
本部分为 NY/T 2798 的第 13 部分，本部分应与第 1 部分结合使用。
本部分按照 GB/T 1.1—2009 给出的规则起草。
本部分由中华人民共和国农业部提出并归口。
本部分起草单位：中国水产科学研究院、农业部农产品质量安全中心。
本部分主要起草人：刘巧荣、朱彧、廖超子、孟娣、黄磊、邹婉虹、郑重、刘欢、丁保华。

无公害农产品　生产质量安全控制技术规范
第 13 部分:养殖水产品

1　范围

本部分规定了无公害养殖水产品生产过程,包括产地环境、养殖投入品管理、收获、销售和储运管理等环节的关键点质量安全控制技术及要求。

本部分适用于无公害养殖水产品的生产、管理和认证。

2　规范性引用文件

下列文件对于本文件的应用是必不可少的。凡是注日期的引用文件,仅注日期的版本适用于本文件。凡是不注日期的引用文件,其最新版本(包括所有的修改单)适用于本文件。

GB 3097—1997　海水水质标准

GB 3838—2002　地表水环境质量标准

NY/T 2798.1　无公害农产品　生产质量安全控制技术规范　第 1 部分:通则

NY 5071　无公害食品　渔用药物使用准则

NY 5072　无公害食品　渔用配合饲料安全限量

NY 5073　无公害食品　水产品中有毒有害物质限量

NY 5361　无公害食品　淡水养殖产地环境条件

NY 5362　无公害食品　海水养殖产地环境条件

农业部公告第 193 号　关于发布《食品动物禁用的兽药及其他化合物清单》的通知

农业部公告第 235 号　动物性食品中兽药最高残留限量

农业部公告第 560 号　兽药地方标准废止目录

3　控制技术及要求

3.1　产地环境

序号	关键点	主要风险因子	控制措施
3.1.1	产地选择	病原体、贝类毒素、重金属、农药、石油类、其他持久性有机污染物	a)　应选择无工业、农业、林业、医疗及生活废弃物和废水等污染的产地进行养殖 b)　海上滩涂、网箱、筏式(吊笼、延绳等)、底播(增养殖)和围栏养殖应选择符合 GB 3097—1997 一类水质标准的自然海水水域进行,而且应远离港口、航道和排污口 c)　在湖泊、水库和自然河道等自然水域养殖应选择符合 GB 3838—2002 规定的三类水质标准以上的水域进行 d)　海水贝类养殖应在当地渔业行政主管部门划定的一至三类贝类生产区域内进行。不应在赤潮频发区、贝类禁养区或尚未进行划型的区域进行 e)　不应使用未经处理的废水(包括电厂冷却废水)进行养殖 f)　不应在施用农药的稻田中进行养殖

（续）

序号	关键点	主要风险因子	控制措施
3.1.2	环境管理	病原体、贝类毒素、重金属、农药、石油类、挥发酚、其他持久性有机污染物	a) 淡水养殖用水水质和底质应符合 NY 5361 的要求 b) 海水养殖用水水质和底质应符合 NY 5362 的要求 c) 在陆基上进行海水养殖,应有适宜的进水处理设施,对海水中的污染物进行有效处理 d) 开放式进水渠道周边及养殖区内的生活垃圾、污物和污水应有专门设施进行收集和处理,设施的位置和处理方式不应对养殖水体构成污染风险 e) 海水贝类养殖应制订应急方案,应对赤潮的发生 f) 养殖区内如有畜禽养殖生产,畜禽养殖区与水产养殖区应采取必要的隔离措施,避免畜禽养殖区的污物和污水污染水产养殖区的土壤和水体 g) 进排水系统应分开 h) 不应使用未经彻底发酵的粪便进行肥水 i) 养殖区内不应使用农药进行除草 j) 网箱养殖的防污涂料应无毒、无害 k) 土池养殖放养前,应对池塘进行清整、曝晒和消毒 l) 水泥池和铺塑料薄膜的池塘,养殖开始前应进行充分消毒 m) 工厂化养殖车间入口处应设置消毒点 n) 病死动物应进行无害化处理

3.2 苗种管理

序号	关键点	主要风险因子	控制措施
3.2.1	采购	禁用药物残留、病原体	a) 应从具有水产苗种生产许可证的苗种场或良种场购买苗种,并保留购买凭证至该批水产品全部销售后 2 年以上 b) 应采取有效措施防止所购苗种含有禁用药物残留 c) 应采取有效方法防止所购苗种携带病原体
3.2.2	自繁	病原体	外购亲本应来源于省级以上原、良种场

3.3 渔药及其他化学品管理

序号	关键点	主要风险因子	控制措施
3.3.1	采购	禁用药物和其他化学品	a) 应由专门的技术人员负责兽药(水产用)和其他化学品的采购 b) 应经具有兽药经营许可证的供应商或 GMP 认证的兽药企业购买有国务院兽药行政管理部门批准文号或进口兽药登记许可证号的兽药(水产用) c) 购买水产用处方药应由水生动物类执业兽医开具处方 d) 不应购买国家法规、农业行政主管部门规章和 NY 5071 规定的禁止在水产养殖生产中使用的药品及其他化学品,包括禁用兽(渔)药(见附录 A)、人用药、原料药、非水用兽药和含有有毒有害化学物质但标明"非药品"的产品,维生素、微量元素和微生物制剂除外 e) 应保存兽药和其他化学品的购买记录和凭证

（续）

序号	关键点	主要风险因子	控制措施
3.3.2	储存	药物滥用和误用	a) 应设专用药库或药柜,渔药及其他化学品应分类存放 b) 应指定专人负责渔药及其他化学品的储存,防止无关人员随意接触 c) 渔药及其他化学品的领用应有批准和登记程序 d) 未用尽的渔药及其他化学品应及时回收至药库(柜) e) 养殖区内不应储存国家法律法规和 NY 5071 禁止在水产养殖生产中使用的渔药和其他化学品及其包装物,包括禁用兽(渔)药(见附录 A)、人用药、原料药、非水产用兽药和含有有毒有害化学物质但标明"非药品"的产品,维生素、微量元素和微生物制剂除外
3.3.3	使用	药物残留、致病菌的耐药性	a) 应指定专人负责兽药(水产用)和其他化学品的使用 b) 用药剂量应按处方或兽药(水产用)标签执行 c) 不应使用国家行政法规和 NY 5071 禁止在水产养殖生产中使用的药品及其他化学品,包括禁用兽(渔)药(见附录A)、人用药、原料药、非水产用兽药和含有有毒有害化学物质但标明"非药品"的产品,维生素、微量元素和微生物制剂除外 d) 使用有休药期规定的渔药(包括药物性饲料)后,应对用药的养殖单元进行标示,注明停药日期和允许捕捞日期 e) 不应长期或随意在饲料中添加抗生素用于防病和促生长目的 f) 应建立用药记录,内容至少包括病害发生情况,主要症状,用药名称、时间、用量等

3.4 饲料及饲料添加剂管理

序号	关键点	主要风险因子	控制措施
3.4.1	采购	致病菌、重金属、真菌毒素、药物残留、其他化学污染物	a) 应采购由具有生产许可证和进口登记证的企业生产的配合饲料 b) 市场上有适用的配合饲料产品时,不应采购冰鲜动物性饵料 c) 用作饲料的植物和动物性饵料应来源于无污染的产地 d) 应保存饲料及饲料添加剂购买记录和相关购买凭证
3.4.2	自制	重金属、真菌毒素、药物残留、其他化学污染物	a) 养殖企业自行生产配合饲料时,所用原料、饲料添加剂和药物饲料添加剂应在国家农业行政主管部门规定的目录范围内 b) 应保存原料清单和购买凭证 c) 所生产的饲料应符合 NY 5072 的要求
3.4.3	储存	真菌毒素、病原体、化学污染物	a) 饲料库内不应使用药物灭鼠 b) 不同种类或特性的药物饲料应标示清晰,并分开存放 c) 使用鲜活饵料的养殖单位,应具备保鲜储存条件 d) 变质和过期饲料(饵料)应进行标示、隔离,并安全处置
3.4.4	投喂	致病微生物	a) 应采取措施,防止过量投喂 b) 应对饲料投喂情况进行记录,内容至少包括投喂的饲料名称、饲料添加剂名称、投喂时间和投喂量等

3.5 收获、销售和运输管理

序号	关键点	主要风险因子	控制措施
3.5.1	收获	药物残留、贝类毒素、贝类致病微生物	a) 应指定专人负责休药期控制,收获时,应经其签字批准 b) 贝类产品收获前,应进行麻痹性贝类毒素和腹泻性贝类毒素检测,贝类毒素应符合 NY 5073 的限量规定;渔业行政管理部门划定为三类贝类生产区的产品如果直接上市销售,收获前应检测大肠杆菌,大肠杆菌应符合国家渔业行政主管部门对二类贝类生产区产品的要求。不合格的产品应采取转移、暂养和净化等措施,经再次检测合格后方可上市 c) 不应使用药物捕捞方法收获水产品 d) 应建立收获记录,内容至少包括产品名称、生产单元、收获日期和批准人等
3.5.2	销售	—	a) 海上养殖的贝类产品销售时应附标签,内容至少包括产品名称、收获日期、养殖场名称和收获海域等信息。经暂养净化后销售的贝类产品标签,内容应至少包括产品名称、开始暂养时间、收获时间、养殖场名称和收获海域等信息 b) 应对产品销售进行记录,内容至少包括产品名称、销售日期、购买方名称和销量等
3.5.3	运输	药物残留	a) 养殖单位自行运输产品出售时,装运之前,应对可能接触到产品的器具或设备表面进行消毒。产品运输过程不应添加任何需要休药期的兽药和未经批准的化学品 b) 应建立运输过程化学添加物使用记录,内容至少包括产品名称、运输日期、去向、化学添加物名称和添加量等

附　录　A
（规范性附录）
禁用的兽（渔）药

农业公告第 193 号、第 235 号、第 560 号规定的禁用兽药及 NY 5071 规定的禁用渔药汇总见表 A.1。

表 A.1　禁用兽（渔）药汇总表

药物名称	别　名
地虫硫磷	大风雷
六六六	
林丹	丙体六六六
毒杀芬	氯化莰烯
滴滴涕	
甘汞	
硝酸亚汞	
醋酸汞	
氯化亚汞	甘汞
吡啶基醋酸汞	
呋喃丹	克百威、大扶农
杀虫脒	克死螨
双甲脒	二甲苯胺脒
氟氯氰菊酯	保好江乌、氟氰菊酯
五氯酚钠	
孔雀石绿	碱性绿、盐基块绿、孔雀绿
锥虫胂胺	
酒石酸锑钾	
磺胺噻唑	消治龙
磺胺脒	磺胺胍
呋喃西林其盐、酯及制剂	呋喃新
呋喃唑酮其盐、酯及制剂	痢特灵
呋喃它酮其盐、酯及制剂	
呋喃那斯其盐、酯及制剂	P-7138（实验名）
呋喃妥因其盐、酯及制剂	
呋喃苯烯酸钠及制剂	
氯霉素（包括琥珀氯霉素）其盐、酯及制剂	
红霉素	
杆菌肽锌	枯草菌肽
泰乐菌素	
环丙沙星	环丙氟哌酸
阿伏帕星	阿伏霉素
万古霉素及其盐、酯及制剂	
喹乙醇	喹酰胺醇羟乙喹氧
速达肥	苯硫哒唑氨甲基甲酯
己烯雌酚（包括雌二醇等其他类似合成等雌性激素）	乙烯雌酚、人造求偶素
甲基睾丸酮（包括丙酸睾丸素、去氢甲睾酮以及同化物等雄性激素）	甲睾酮、甲基睾酮

表 A.1（续）

药物名称	别　名
醋酸甲孕酮及制剂	
群勃龙	
氨苯砜及制剂	
硝基酚钠及制剂	
硝呋烯腙及制剂	
替硝唑及其盐、酯及制剂	
卡巴氧及其盐、酯及制剂	
苯丙酸诺龙	
苯甲酸雌二醇及其盐、酯及制剂	
去甲雄三烯醇酮	
氯丙嗪	
安眠酮及制剂	
地西泮（安定）及其盐、酯及制剂	
甲硝唑	
地美硝唑	
沙丁胺醇及其盐、酯	
克伦特罗及其盐、酯	
西马特罗及其盐、酯及制剂	
洛硝达唑	
玉米赤霉醇	

图书在版编目（CIP）数据

无公害农产品标准汇编.2017版/张华荣主编.——
北京：中国农业出版社，2017.10
ISBN 978-7-109-23215-0

Ⅰ.①无… Ⅱ.①张… Ⅲ.①农产品－无污染技术－
标准－汇编 Ⅳ.①S3-65

中国版本图书馆 CIP 数据核字（2017）第 183199 号

中国农业出版社出版
（北京市朝阳区麦子店街 18 号楼）
（邮政编码 100125）
责任编辑 廖 宁

中国农业出版社印刷厂印刷 新华书店北京发行所发行
2017 年 10 月第 1 版 2017 年 10 月北京第 1 次印刷

开本：880mm×1230mm 1/16 印张：11.75
字数：300 千字
定价：88.00 元
（凡本版图书出现印刷、装订错误，请向出版社发行部调换）